# 河马先生焦虑症自救之路

王蕾 / 著

重庆出版集团 重庆出版社

## 图书在版编目（CIP）数据

河马先生焦虑症自救之路 / 王蕾著. — 重庆 ：重庆出版社，2023.10
ISBN 978-7-229-17907-6

Ⅰ．①河… Ⅱ．①王… Ⅲ．①焦虑－心理调节－通俗读物 Ⅳ．① B842.6-49

中国国家版本馆CIP数据核字（2023）第160372号

## 河马先生焦虑症自救之路
HEMA XIANSHENG JIAOLÜZHENG ZIJIU ZHI LU
王蕾 著

选题策划：李　子
责任编辑：李　梅
责任校对：朱彦谚
版式设计：侯　建

重庆出版集团
重庆出版社 出版

重庆市南岸区南滨路162号1幢　邮政编码：400061　http://www.cqph.com
重庆升光电力印务有限公司印刷
重庆出版集团图书发行有限公司发行
E-MAIL:fxchu@cqph.com　邮购电话：023-61520646
全国新华书店经销

开本：890mm×1240mm　1/32　印张：6.625　字数：140千
2023年12月第1版　2023年12月第1次印刷
ISBN 978-7-229-17907-6
定价：49.80元

如有印装质量问题，请向本集团图书发行有限公司调换：023-61520678

版权所有　侵权必究

# 前言

在现代化的生活中，越来越多的朋友开始焦虑，担忧未来，郁郁寡欢。实际上，焦虑本身没有好坏，适当的焦虑，是身体自身的一种防御功能，可以促使我们脱离危险，解决困境。但如果你长期处于焦虑状态，透支身体，甚至影响到正常的生活，就得引起重视了。

本书试图通过浅显的文字与图画，对焦虑与焦虑症的表现进行科普，同时去掉晦涩难懂的专业术语，希望能够帮助大家轻松地阅读。本书从发现焦虑症，到对焦虑症的治疗都有涉及，最大的作用是帮助读者朋友们进行焦虑情绪的自我修复，文中所提及的每一项练习都是笔者亲自体验并有效后，推荐给大家的。

神奇的是，在研究不断深入后，我发现其实身边的很多朋友甚至亲人都陷入了焦虑之中，虽无需就医，却苦恼、烦恼不断。我希望本书能够帮助他们清扫附着在表面的尘土，成为引线，帮助他们点亮属于自己的那一盏明灯，照亮生活。

佛陀说："若是琴弦松弛则弹奏不出美妙的音乐，若是琴弦系得过紧，弹奏时就会断裂。系弦应不松不紧为宜，各弦相互协调，方能奏出如是妙音。"

生活亦是如此。"安住当下"，愿每个人都能寻找到适合自己的节奏。

**前言** /1

**第一章　河马先生得了怪病** /1

第一节　突然间的失控，感觉自己快要死了 /1

第二节　"有毛病的心脏"检查却无异常 /7

第三节　"手术的成功"让河马先生更绝望了 /12

第四节　地铁里快要窒息的恐惧 /15

第五节　河马先生变得更加焦虑易怒 /17

## 第二章　遇到同样危机的动物们 /21

第一节　遇见大象医生 /21
第二节　患失眠症的兔子太太 /25
第三节　兔子太太能回家工作了 /32
第四节　不停洗手的蜥蜴奶奶 /39
第五节　患恐旷症的刺猬先生 /43

## 第三章　大象医生的团体辅导 /48

第一节　第一次团体辅导 /48
第二节　面对焦虑而不是对抗和逃避 /54
第三节　带着"有毛病的心脏"去工作 /60
第四节　瘫痪的狗爷爷竟然可以下床走路了 /67

## 第四章　河马先生出院后遇到的困惑 /71

第一节　镇静剂药可以不吃吗？/71
第二节　什么是真正的接受 /75
第三节　这病真的能痊愈吗 /78

## 第五章　河马先生组建抗焦虑互助联盟 /82

第一节　肌肉放松训练能有效地消除紧张 /82
第二节　应对失眠我们可以做些什么 /90
第三节　清晨起床那一刻非常重要 /95
第四节　焦虑鸭小弟读高三最大的担心 /99
第五节　让自己有事可做又不太忙碌 /105
第六节　寻找智慧的朋友帮助你思考 /110
第七节　"自我关照"是计划里的重要部分 /117
第八节　运动可以缓解焦虑，仍需注意这些 /122

## 第六章　为家人求助的长颈鹿太太 /128

第一节　被家人理解是最重要的能量 /128
第二节　帮助家人制订一个轻松的干活计划 /133
第三节　带有关爱地让步，不要急于让他振作起来 /136

## 第七章　走出焦虑的思维模式 /140

第一节　"冥想"是让思绪宁静的法宝 /140
第二节　让"焦虑的思绪"待一会儿 /146
第三节　用"现实的陈述句"替换
　　　　"恐惧的自我对话" /151

3

第四节 用"疑问句"转换思维模式 /154
第五节 帮助你走出焦虑的笔记本 /158
第六节 潜意识悄悄指引着你的人生 /162

## 第八章　感谢焦虑让我完美蜕变 /167

第一节 更容易患"神经症"的疑病素质 /167
第二节 神经质者其实都是优秀的 /177
第三节 刷朋友圈会让你变得更焦虑 /185
第四节 别人只看得见你飞得高不高，
　　　 并不在意你活得累不累 /189
第五节 身体比我们更了解自己 /194

## 结束语　当我真正开始爱自己 /198

# 第一章
## 河马先生得了怪病

### 第一节

**突然间的失控,感觉自己快要死了**

今天是平凡而又忙碌的一天,河马先生正在为公司的一个大项目准备方案。这个项目关系到今年的任务指标是否能够顺利达成,为此河马先生已经忙碌了近两个月。哒哒哒,时钟的指针指到了晚上 10 点整。想到明天一早还要去开提案会议,河马先生放下手中的文件,

准备睡个早觉。

　　然而就在这一刻,河马先生突然眼前一黑,接踵而至的是莫名其妙的心悸。河马先生赶紧坐下来,但是这种感觉并没有停止。他的心跳越来越快，胸口紧闷，呼吸急促，就快出不了气的感觉。

天呀，我这是怎么了？感觉我就快要死掉了。

难道我患心脏病了吗？天呐！

河马先生觉得自己的心脏狂跳不已，几乎要爆裂开来。他一动不动地躺在床上，生怕动一动就会加重对自己的伤害。与此同时，恐惧的情绪不断向他袭来……

我这是心脏有问题了吗？

会不会是心脏病、心肌梗死……随时都有可能猝死？

如果我生病不能工作可怎么办啊？一大家子还等着我养活呢！大笔的开销怎么办？房贷车贷怎么办？要是还不上贷款，银行催怎么办？

……

就这样，可怕的思绪一晚上都在河马先生脑海里打转。

这一夜，河马先生怎么也无法入眠……

接下来的这几天，河马先生一直陷入担忧中，不知道这样可怕的经历什么时候会再次袭来。一连几天他都处于紧张和焦虑的等待中，还时不时摸摸自己的脉搏。

庆幸的是，连续一个星期，心悸都没有发生。

河马先生几乎忘记了这件事情。然而就在一次会议上，令他恐惧的情况又一次发生了。这次是公司年终的总结大会，作为部门经理的河马先生需要汇报工作，总结本年度的任务还没有完成。河马先生突然又感觉到心跳加速，呼吸急促，开始大汗淋漓，手脚发麻，同事们见状赶紧将他送往医院。

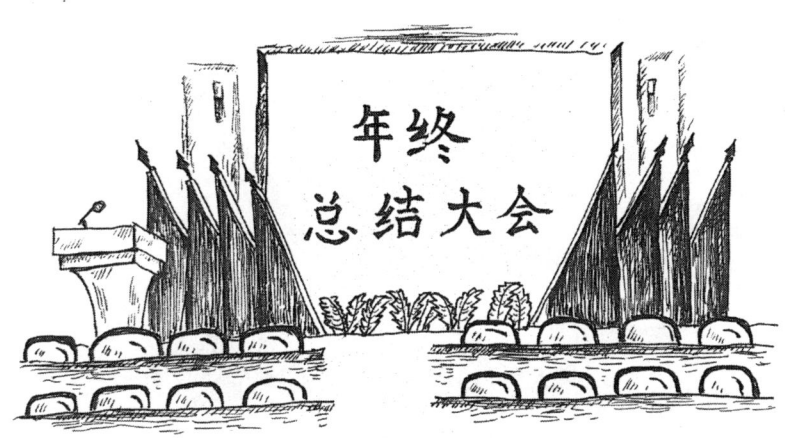

去医院的路上，河马先生躺在汽车后座，心跳还是没能变慢。此刻他恐惧极了，随着恐惧的蔓延，呼吸更

加急促，身体及四肢开始逐渐发麻。不知道为何会出现这种不正常的状况，河马先生的恐惧急剧增加，麻木的感觉慢慢侵袭全身。

"我感觉自己就快要死了，就快要见上帝了，我该怎么办？……"

河马先生越想内心越恐惧，随着恐惧的来袭，心悸又不断袭来，心跳越来越快。此时，好在他的头脑还是

清醒的，想着自己赶紧交代后事。他好不容易从兜里掏出手机，给老婆打电话："我，快不行了！我衣柜的第二格里有张银行卡，里面是我存的所有的钱，密码是你的生日！家里的孩子们，全都靠你了。如果我走以后，你找个好人家，好好待孩子！我的爸妈，也麻烦你有时间就帮我看看……"

到了医院门口，河马先生使出最后一丝力气，把心提到嗓子眼儿，飞奔着朝急诊科跑去，大喊着："医生救命！我心跳快，胸闷，嗓子干，全身麻！救救我医生！医生救命！"

## 第二节
### "有毛病的心脏"检查却无异常

急诊室里，羚羊医生不慌不忙，挂上听诊器，让河马先生躺在病床上，询问情况。然后安排抽血，挂上心电图监护。

可是，给河马先生输液、吸氧后，他的症状仍没有减轻。

河马先生躺在病床上，心跳又重又快，心电图显示心跳在每分钟125左右，濒死的感觉持续袭来。

直到一两个小时后，河马先生才逐渐恢复正常。

第二天一大早，河马先生被安排做了24小时检测心电图，需要持续监测。

羚羊医生说，检查结果显示没有明显的器质性问题，单纯的窦性心动过速，可能是心律不齐导致的症状，你属于心绞痛！开些降低心率的药物，观察一下就可以

出院了。

河马先生悬着的心终于落下来了，原来是心绞痛，不是什么要死的大病。

然而就在他办理出院手续的时候，戏剧性的一幕再次发生。

尽管已经吃过了降低心率的药物，河马先生排队拿药的时候，他再次出现类似兴奋、恐慌的感觉，然后心跳又一次逐渐加快……

虽然带着疑惑，但河马先生还是出院了。

很明显，不幸还在继续！

河马先生真的担忧起来了。这一次，他不仅担心再次发作，还担心有更不好的事情发生。会不会自己得了不治之症，医生没告诉自己？

现在他的胃开始翻腾，手心冒汗，心脏时常跳得飞快。

他变得更加害怕了。

晚上他害怕睡觉，一到夜里，常常会被憋醒，心跳加快、胸闷、呼吸困难，必须要立即从床上坐起来，才能够有所好转。

想起医生说的"回家检测血压和脉搏,注意休息",

河马先生躺在床上不敢乱动,好像自己动一动,那"有毛病的心脏"就会再出什么问题。

身体虽然在休息,可大脑一刻也停不下来。各种糟糕的画面，在他的脑海里不停地翻腾着。

躺在床上的时间越长，这种紧张和忧虑的感觉也越强烈。他时不时地把手指放到脉搏上，总感觉心脏跳得飞快。有时候，他感觉心脏的跳动简直就像擂大鼓一样，吵得心神不宁的。他把两个枕头靠在一起，把耳朵放在中间，这样才会感觉心跳的声音要小一些。

## 第三节
## "手术的成功"让河马先生更绝望了

河马先生每天无精打采，生活如同复制粘贴，也没有力气做什么事情，除了躺在床上，就是窝在沙发里。

家里人都很着急，希望他能够快点恢复到以前的样子。家人为他联系了动物中心最好的医院，下定决心，这次一定要把他的病治好。

　　河马先生坐飞机来到医院，把所有的检查都做了个遍，心肺内科也跑了个遍，各种怀疑可能的病症都检查了，还是一切正常。当然医生也非常负责，不放弃任何可能性，最后怀疑是"轻微的中枢性睡眠暂停综合征与慢性失眠"，建议做腭咽成型术排出。这个手术可以对咽腔扩容改进呼吸量，解决晚上突然被憋醒的问题。

　　为了能够尽快地摆脱困境，把病治好，河马先生怀

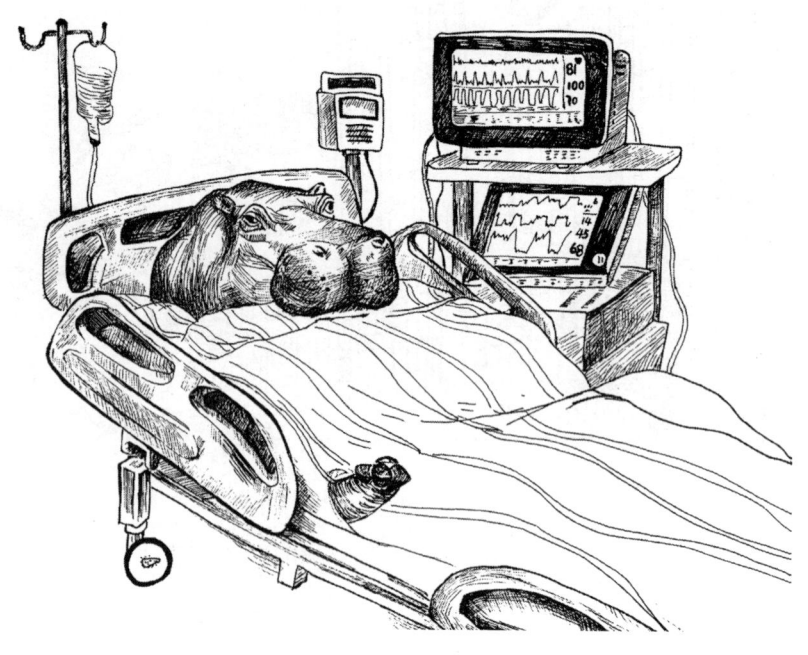

着忐忑不安的心情进入了手术室。但是老天总是在开玩笑,在手术出院后的第二天下午,他吃完午饭正准备补觉,刚睡下去没多久,突然心里一阵恐惧感油然而生。

在接下来的几天里,河马先生在睡着后突然发作濒死感的次数变得多起来了。他第一次开始感受到绝望的心情,心想着手术可能白做了。

更让河马先生感到绝望的是,做完手术后喉咙一直有严重的异物感。

在医院进一步检查后,医生说没有任何问题,手术很成功。

河马先生再次陷入了无尽的绝望之中,感觉老天爷是故意折磨他,自己成了被全世界抛弃的人,什么事情都在无形中消磨自己。

心情越发焦虑和不安,河马先生每天都活在无尽的无奈和绝望中。

不堪重负的河马先生,用尽了最后一丝力气后颓然地倒下了,家人在旁边也一筹莫展。

## 第四节
### 地铁里快要窒息的恐惧

河马先生每天都在不安和恐惧中度过,恼人的恐慌时不时侵袭着他,而河马先生还要努力表现得像个正常人一样。

不幸的是,越害怕什么就越来什么,恐慌往往就发生在他认为最不合时宜的场合。

一次准备搭乘地铁上班时,看着来来往往的人群,以及透不过气来的车厢,河马先生不适的感觉再次袭来,他觉得呼吸困难,马上就要窒息晕厥了。于是,河马先生赶紧退回来了。

慢慢地,河马先生害怕出门,甚至都不愿意坐公交地铁。他害怕万一心悸又突然发作了怎么办?

河马先生的身体里像是有两个声音在对话,一个声音说:"地铁有什么好怕的?大家不都在坐吗?你也应该可以坐!"另一个声音说:"不行啊,我感到快要窒息了,就要晕倒了。我不能进地铁了,我腿已经僵硬了。"又一个声音响起:"走起来,加油走过去,一定会走到那儿的……"

然而,他越是强迫自己,心里就越是紧张,身体也越发僵硬动弹不得。

## 河马先生变得更加焦虑易怒

渐渐地,情况越来越糟糕。河马先生开始变得食欲不振，体重下降，觉也睡得越来越少，而这又使得河马先生更加疲劳和焦虑。

有一天，他出门遇到邻居斑马太太，斑马太太很惊奇地看着他："河马先生，许久不见你怎么这么消瘦憔悴了。听说你病了？是怎么回事，好些了吗？"原本邻居关心的话语，在他听来怎么都像是嘲讽。渐渐地，河马先生也不愿意出门了,害怕看到其他人。

河马先生也变得越来越容易发怒,有时会因为一句话莫名其妙地发火,随后陷入无限的悲伤和自责中。

在办公室里,河马先生与同事的关系也变得很糟糕,无法专心思考工作的问题,也常常因为一点点小事情,发很大的火。有一次,因为杯子被同事放错了位置,他大骂同事。虽然河马先生知道,大家都在看他怎么撒

泼，怎么发泄，但是，他就是控制不了自己。

没过多久，河马先生就被老板请去喝茶，委婉地告诉他，他不适合现在的工作，建议他回家休息。

这下，河马先生不但拖着个病身子，连立下汗马功劳的公司也容不下他了。经济的窘困和身体的苦痛双重袭来。每到夜深人静的时候，河马先生整夜整夜地睡不着觉，一开始是等待心悸的到来，现在，是各种念头在脑海里飘过，如同一个坚固的笼子关住了他，怎么也找不到出口，他的心中只有无尽的担忧。

# 第二章
## 遇到同样危机的动物们

### 第一节

**遇见大象医生**

不堪重负的河马先生，用尽了最后一丝力气后颓然地倒下了，准备就这样等待着命运的摆布。

然而未曾想到，正当他准备放弃的时候，命运又出现了新的转折点。

一天，河马先生在网上冲浪时，看到一个网友说，

他患了焦虑症，病情发作的情况与河马先生一模一样。

难道，我这个也是焦虑症？难怪看遍了医院的所有内科，就差去神经内科，怎么也没有想到，我会患神经疾病！

对精神病的认知，让河马先生的内心还是很排斥。但是为了能够好起来，他还是走进了神经内科。

看病的是大象医生。心理咨询室和普通的医院还是大不一样，大象医生是一位和蔼的医生，经过一系列的检查与心理测试后，结果显示河马先生有焦虑症、惊恐症伴有抑郁情绪，需要住院治疗。

大象医生给河马先生开了药，安排了物理治疗，物理治疗包括针灸，用电刺激脑部，用磁刺激脑部……还有脑反射治疗。

既然来到了医院，医生也确诊了，那就按照医生的安排，接受治疗。河马先生希望这次真的能好转。

虽说是住院，医院里也允许病人外出6个小时，如

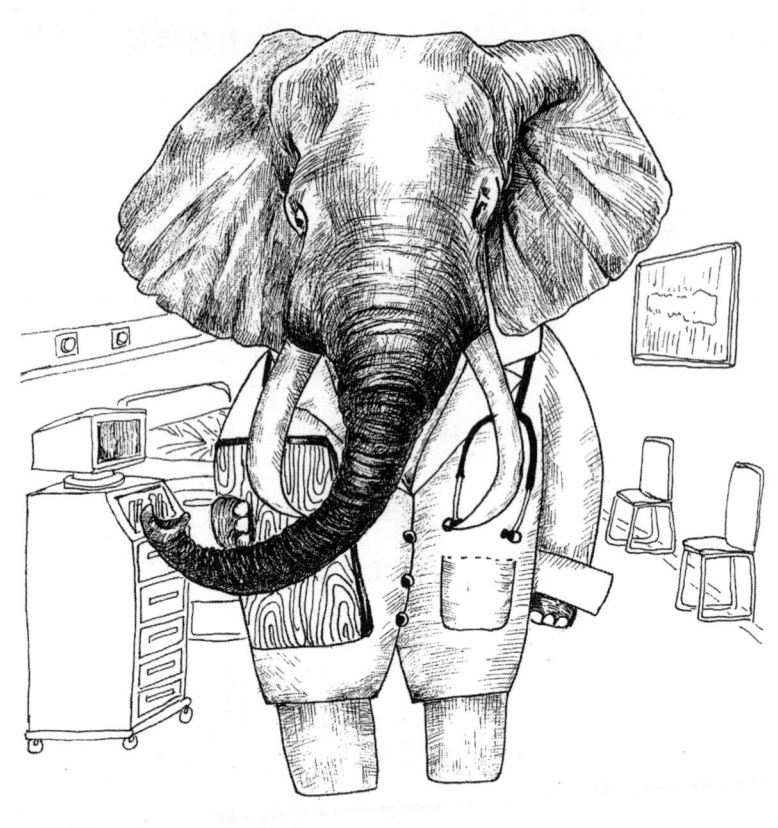

果时间到了病人还没回来,医院就会给家属打电话。

医院里每天的治疗都安排得挺满的,河马先生没有空余的时间去想那些糟糕的事情,基本每天都有小组治疗、团体治疗，还有一周两次的个体治疗。在小组和团体治疗中，河马先生认识了很多与他一样的病友，每个人的情况都不同，但都是各种各样的心理疾病。那一刻，河马先生感觉到自己不是一个人在战斗，他庆幸自己住院并遇见了这些伙伴。

## 第二节

## 患失眠症的兔子太太

在病友中，有位兔子太太，会常常关心河马先生，问他吃饭喝水是否需要帮助。在河马先生看来，她就是正常人一样。他很奇怪她也会住进医院里来，于是询问了她的病情。

原来，兔子太太是因为失眠焦虑而住进来的。

自从有了两个孩子后，她就没有睡过一个整觉。每隔两小时就要喂奶，孩子们经常会在半夜醒来哭闹，有时她还要起来看孩子们是否踢被子。长期失眠，加上小孩的哭闹，兔子太太根本无法得到很好的休息，以至于她常会猛的一下从睡眠中惊醒。

兔子太太每天围着孩子们打转，围着丈夫打转，围着家务打转，去得最多的地方是菜市场和周边的超市。每天看着别人忙碌地上班工作，兔子太太感觉自己已经不是为自己而活，她感觉没了自我，也不知道自己的人

生是不是就这样一眼望到头了，应该怎样活下去。

　　不知从什么时候开始，兔子太太变得非常焦虑，无论是孩子的生活、学习，还是孩子的未来，同时她也很担心丈夫在外面会干出什么对她不忠的事。每当看到丈夫很晚回家，或者回家后就钻进书房，兔子太太就会想他是不是故意在疏远自己。当兔子太太的生日或是一些节日的时候，丈夫常常忘记，更别说给兔

子太太买礼物，这难免让兔子太太对丈夫很失望。比这更可怕的是，她对生活失去了希望，整个人也越来越沮丧，深陷泥潭，想出来，却毫无办法。

慢慢地，兔子太太的脾气越来越暴躁，容易对小孩和老公发火，严重时还会产生愤怒的情绪。

有一次在辅导小兔子写作业的时候，兔子太太崩溃了。

来这里后，医生告诉兔子太太，这是长期失眠导致的神经衰弱。身体长期得不到休息，导致神经系统疲劳，继而内分泌紊乱，便有了情绪敏感、多疑甚至情绪失控的状态。

兔子太太说："在丈夫看来，我不用上班，不用面对工作的压力，只不过在家里看个孩子，说我是没事儿找事儿。毕竟我与常人并没有什么不同，只是脾气有些暴躁而已。"

"那你在生病后有些什么反应呢？"河马先生问。

"一开始只是失眠，后来就发展到毛发脱落，月经紊乱、气虚气短，常常会用负面的想法去思考问题，抱怨这个那个，情绪低落，再然后就是脾气暴躁，一点就着。控制不住的时候，我会砸家里的东西，会打人，孩子也经常被我打。"兔子太太说，"有一次在辅导小兔

## 踢猫效应

子学习的时候,因为小兔子写字写不好,我让他擦了重新写。他在那里磨磨蹭蹭的,我就爆发了。"

"医生说，这叫'踢猫效应'"兔子太太接着说。

"踢猫效应？什么？还可以踢猫？"河马先生一脸惊讶。

兔子太太接着解释道："这个是大象医生给我讲的，这个叫法来源于一个故事。老板骂了员工，员工很生气。员工回家后就与妻子吵架，妻子很窝火。刚好孩子回家晚了，妻子打了孩子。孩子很委屈，就踢了自家的猫。

猫愤怒地冲到街上，刚好过来一辆车。司机为了避让猫，却把旁边的小孩撞伤了。"

### 第三节
### 兔子太太能回家工作了

"这样看来，你很容易受你家先生的影响啊，一旦他让你感觉不好，你就把气撒到了孩子身上？"河马先生疑惑地问道。

"我以前就是这样想的，后来才发现，其实并不全是他的错，医生说这是'神经疲劳'引起的。身体上的疲劳很容易理解，神经性疲劳不太容易被察觉。一个人在神经疲劳时，情绪会被极度放大，并且会变得非常敏感，个人感受也十分敏锐和强烈。一般的喜悦之情他们会表现得歇斯底里，不愉快的事件他们会看成一个悲

剧，很容易反应过激。"兔子太太说。

兔子太太喝了口水，继续说道："大象医生给我们讲，神经衰弱是由于长期劳累以及焦虑，导致神经兴奋度过高，从而引起精神或身体方面的某些症状出现。神经衰弱其实很多人都有，只是程度不同。尽管很多人比较沮丧，但他们还是在坚持工作，不影响正常的生活。但是长期处于焦虑状态，并且逐渐加剧的话，会导致神经衰弱症，我们常常会称为'重度焦虑'。比如长期高强度地工作，或者在面临考试的时候长期焦虑备考，都是比较危险的。

"但是大象医生还说过，让我们崩溃的，并非超负荷的工作量本身，而是由此产生的压力。如果对大量的工作没有压力，而是觉得很愉快，那么就不会导致这样不好的结果。其实工作任务的多少，本身并不会直接导致焦虑。如果持续焦虑的心态，哪怕是一点点的任务，也会导致崩溃的。需要调整的，是我们对待事物的看法和认知。这都是医生常对我们说的，听起来很容易，但是遇到具体的事情的时候，我们往往又容易陷入习惯性的思维模式中。"

河马先生听了兔子太太说的话，感觉她就是半个医生，能够自己把自己治好。但是他很好奇的是，兔子太太为什么也会住进来呢？……正想着，兔子太太似乎知道了他的心思，接着继续说道："其实，我的情况可以不用住院的。但是医生说，像我这样由于照顾孩子失眠，最好是换个环境。治疗神经衰弱最重要的是不受打扰的睡眠，他建议我离开家两个月，调整休息。"

作为同是一家之主的河马先生很惊讶，因为他知道，又要工作，又得照顾家里几个小孩有多忙碌，不由得为兔子先生担心了："那你的丈夫会同意吗？孩子们怎么办？"河马先生继续问。

兔子太太说："是的，一开始他很难接受。因为我走了，他需要工作，没有办法照看孩子。后来大象医生找他了，并告诉他，如果持续下去，不但得不到有效的治疗，孩子们也照顾不好，还会使得家庭生活一团糟。他没有办法也就同意了。"

"那你现在恢复得怎么样？"河马先生问。

"恢复得挺好的。有时候，白天我状态好的时候，也会回去看看，帮忙做做家务。我现在可以每天回家打扫一下房间，并帮着做晚饭了。"兔子太太说。

"太棒啦，这样你很快就可以回家了！"河马先生高兴地说。

原本以为值得高兴的事情，可兔子太太却耷拉着脑袋，摇摇头说："别提回家的事了，先生也说了同样的

话，却让我感到非常恐慌……"

兔子太太顿了顿，似乎在平复自己的情绪，尽可能让自己能够情绪平稳地讲述接下来的故事。她抬起头，接着说："先生觉得我每天可以回家做一些家务，就意味着已经恢复得差不多了。那天他对我说，希望我能够每天早上8点钟就回家去。毕竟孩子们清晨起来需要照顾的事情比较多，如果到了放假事情就更多了。他不理解为什么我就不能早一点回去，而是非要慢腾腾地拖到快中午的时间,这让我非常崩溃!"

"他比较着急,让你感到压力啦!"河马先生说。

兔子太太擦了擦眼泪,说:"是的,如果我早上8点钟要回到家,那我得6点钟就起床,然后洗漱、吃早餐、赶车。我又担心睡过头,会调上闹钟,然而实际上我会一晚上都睡不着,总想着看闹钟,等着时间一分一秒地过去。"

"医生说,我们这种神经衰弱的人,就是比较敏

感，一点点的压力就会觉得特别受不了。"兔子太太接着说。

"是的，咱们这种病在其他正常人看来，很难理解。尤其是家人，他们会觉得我们矫情。"河马先生也表示深有感触。

"后来大象医生的一番话又让我感觉好多了。他说，如果是我自愿做这些事情，我会感觉好些，但是如果是被迫的，我们就会觉得很难受。"兔子太太的眼睛慢慢地亮了起来。

## 第四节

### 不停洗手的蜥蜴奶奶

旁边还坐着一个蜥蜴奶奶，她说："我都是第二次住医院了，因为强迫症。"

"强迫什么呢？"大家好奇地问。

"我每天必须不停地洗手，即便是刚刚已经洗过了。"蜥蜴奶奶无奈地摇了摇头。

"是怎么回事呢？"河马先生问道。蜥蜴奶奶回答说："有一次我看新闻，超市里的食物由于包装的问题，产生了很多的细菌，对食物安全造成了影响。我就想到，超市里的食物不干净，必须要清洗干净，甚至摸过包装

袋的手也要多清洗。我很担心，要是小孩吃到了这些细菌会生病的！每次我从外面回来，都要使劲洗手，总担心手上会沾染到很多细菌，如果手没有洗干净，弄出来的食物家人吃了会生病的！"

蜥蜴奶奶接着说："从那以后，我每天必须反复地打扫，反复地洗手，而且我变得很易受惊，特别是在关系到食物的时候。我觉得到处都是危险，细菌会随时随地生长，我必须不停地洗，不停地擦，做事也变得非常谨小慎微。"

"医生是怎么说的呢？"河马先生继续问道。

"医生说，我这种强迫症也是属于焦虑的表现之一，因为内心恐惧，只有通过完成某项特定的事情，才能缓解恐惧。有的人会不停地洗马桶，有的人必须穿同一件衣服才敢出门，还有的人必须要通过购物才能缓解

焦虑。其实恐惧本身不会带给我们伤害，问题是我们现在不知道如何消除这种恐惧。"蜥蜴奶奶叹息道。

## 第五节
### 患恐旷症的刺猬先生

这时候一直坐在旁边没有说话的刺猬先生搭话了，"我也是恐惧，但我恐惧的和你不一样，我害怕一个人外出。我不能一个人去买东西，不能一个人乘车，后来我参加了一个叫'暴露疗法'的治疗营，本来都治好了，可以一个人外出旅行了，谁知道回来又变回原样了。"刺猬先生讲述着自己的经历。

自从刺猬先生不敢外出以后，家里人都很担心，一天刺猬奶奶看到一个叫"金钱豹治疗特训营"的广告。

金钱豹教练受过专业的心理学训练，设计出了一套针对恐惧症治疗的特训方案，不但可以治疗焦虑症，还有专门针对外出恐惧的训练，据说，接受康复训练的病人，

能够在一周内独自外出旅游。

刺猬奶奶像是抓到了救命稻草一样，顾不上昂贵的训练费，迅速地给刺猬先生报了名。很快，刺猬先生被通知前来参加康复训练，训练的场地选择在一个自然优美的海边小渔村进行。

金钱豹教练在进行了几天的讲解后，开始带他们

进行外出训练。金钱豹教练说，克服外出时的恐惧就必须要战胜这种恐惧，越是害怕外出就越要外出。我们可以通过循序渐进的方式，在不惊慌的状态下走得尽可能远，如果惊慌，就要返回原处，重新再来。

第一天，刺猬先生在营地房门前转了一圈。第二天，第三天，慢慢地，可以绕营地一圈了。第四天，第五天，刺猬先生已经可以在小渔村里自由行走了。

成果还是非常显著的，眼看着刺猬先生就可以独自外出了。最后为了庆祝毕业，刺猬先生安排了独自前往动物王国游乐园的度假，而且一点都没有惊慌。刺猬先生非常高兴。

回到居住的市里第二天，刺猬先生就准备去公司上班。然而当他加入到上班地铁的人群里，站在以前经常发慌的地方，看着上班的人群往地铁上挤的时候，他的老毛病又犯了，而且感觉比以前还要差。

"医生怎么说？"河马先生又开始问。

"大象医生说，暴露疗法本来是一种非常好的治疗方式，在临床中也有很多被治好的案例。但是我看起来

在练习克服恐惧,实际上,从来都没有学着去克服恐慌本身。需要通过面对真实的恐惧症状来消除恐惧,而不是学着去适应某个特定地方来消除恐惧。"

# 第三章 大象医生的团体辅导

## 第一节

### 第一次团体辅导

在治疗室里,河马先生第一次参加团体辅导课,大家围着大象医生坐成了一圈。大象医生问:"大家都感觉到有些什么样的不适症状呢?能说说吗?"

"极度紧张、头痛,有时还有心悸、害怕、心脏底部刺痛的感觉。"河马先生说。

"还有，对什么都不感兴趣、烦躁不安。"刺猬先生补充道。

"我觉得心里很沉重，胃部有坠胀感，心颤。"大熊先生也说。

大象医生接着说："你们刚刚说的这些症状，我分为两类，你们看对不对。一类是情绪方面的，比如会感觉到烦躁、不安，对什么都不感兴趣，大多数时候会紧张，害怕。第二类是身体方面的，比如心悸、心颤、胃部不适等。"

"对，我就是两样都有。"河马先生说。

"情绪出现了问题往往不容易被察觉，身体出现病症很容易被察觉。我们一开始，很容易往器质性病变去考虑，但往往检查下来又没事，有时还容易被误诊。"大象医生分析。

"对，我就是怀疑自己是心脏病。""我也是，怀疑自己是呼吸道疾病，结果所有检查都做完了都没有问题。"大家纷纷回应。

"器质性病变和神经性疾病导致的不适，最大的区别是，神经性疾病所引起的症状，是由肾上腺激素分泌导致的，很快就会消失，一般持续时间在几分钟至十几分钟之间。神经性疾病经过检查会发现没有器质性病变，但检查是必要的，是排除身体机能受损的可能性。"大象医生接着说，"你们知道为什么会出现不能自主控制的心悸、心颤吗？"

"是为什么？"河马先生问。

"这是由我们的非自主神经系统控制的。"大象医

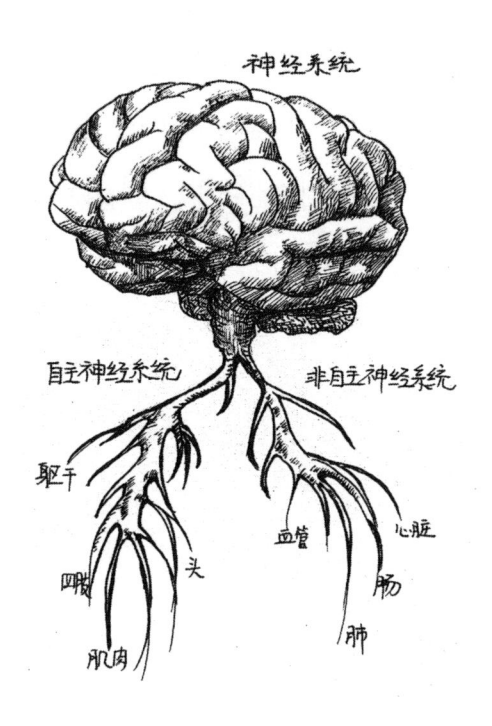

生转向河马先生肯定地说道。

"非自主神经系统?"河马先生张大了嘴巴,感到很好奇。

大象医生进一步解释:"是的,我们的神经系统由自主神经系统和非自主神经系统两大部分组成。自主神经系统控制四肢、头和躯干的运动,我们或多或少可以根据自己的意愿来控制它。比如跑、跳、提东西等等。

"而非自主神经系统控制内脏的活动，包括心脏、血管、肺、肠等，甚至还控制唾液和汗的分泌。这部分神经系统不在我们的直接控制下，但它会对我们的情绪作出反应。比如感到害怕时，会面色发白、瞳孔放大、心跳加速、手心冒汗。这些都是无意识的反应，我们是无法阻止的。

"即便是一颗健康的心脏，它在贫血、疲劳或压力大的情况下也会产生心悸的症状。"

大家都相互看了一下，似乎对专业的名词感到很不理解。大象医生也觉察到了，便用更简单的方法来解释。大象医生说："我们来做个实验，跷起二郎腿，然后敲击膝盖，腿就会不由自主地弹起来，这就是膝跳反应。这是不由我们大脑直接控制的。"

"刚才您提到一个词'直接控制'，不知道是否能'间接控制'呢？"蜥蜴太太问。

"这个问题提得非常好，这里要提到一个非常专业的名词'肾上腺激素'。"大象医生扶了扶眼镜，继续说道，"肾上腺激素的分泌会影响到非自主神经。当我们感觉到恐惧、紧张时，就分泌更多的肾上腺激素，使得本来就激动的心脏受到进一步的刺激，从而跳得更快，发作的时间更长。"

"我们想发作得到缓解，就得想办法减少肾上腺激素的分泌，是这样吗？"河马先生问。

"对的。"大象医生回答道。

"那怎样才能减少肾上腺素的分泌呢？"河马先生接着问。

"降低对恐惧、紧张的担心，自然就能减少肾上腺激素的分泌了。"大象医生说。

"那具体我们应该怎样做呢？"兔子太太问道。

"在后面的辅导里，我将会教大家怎么做，今天，大家先想一想肾上腺激素是怎样影响我们的情绪和身体的。"大象医生给大家留下思考的时间。

## 第二节

### 面对焦虑而不是对抗和逃避

第二天，动物们早早地在治疗室里等候大象医生。

"大象医生,经过昨天的讨论,我想到我的心脏是健康的,只是肾上腺激素的分泌引起的不适,我感觉有些放下心来,没有那么害怕了。可是,我怎么才能减少发作时间呢?"还没有等大象医生开口,大熊先生就先问起来了。

"这就是今天我要跟大家探讨的,面对和对

抗!"大象医生说,"你们知道,面对和对抗的区别在哪里吗?"

"面对,就是像好朋友一样,彼此看着对方。对抗就是像是敌人一样,必须要争个输赢,随时准备战斗!"刺猬先生抢先回答说。

"对抗感觉很费力气,需要努力去争夺。面对感觉是放松的,可以什么都不做。"蜥蜴奶奶接着说。

"你们说的都很对!面对是我看见你,承认你在我

面前。对抗是我要消灭你，打倒你，有攻击的意味。"大象医生接着说，"我问问大家，当你们出现焦虑症状的时候，你们是怎么做的？你们所做的所有事情，是不是都为了摆脱这种讨厌的感觉呢？"

"是的，当我发病的时候，总想找到办法把病治好。当我没有发作的时候，就担心什么时候会发病，闲下来的时候，也想找点事情做，强迫自己将注意力转移开。"河马先生说出了大家的心声。

大象医生点点头，说："到处去寻求解决办法，接受治疗，就是一种对抗。要和自己的疾病作斗争，努力地做些什么事，好让自己的情况能好起来，这种做法就是希望在抗争中战胜恐惧。

"转移注意力就是逃避，是战争的另一种方式。认为自己战不过，就还是选择逃吧。当然，逃避也是所有生物的本能反应。

"然而不幸的是，当我们面对焦虑的时候，越逃避就越会感觉到恐惧。焦虑有时候就像一个纸老虎一样，虽然它也不能把你怎样，但就是特别不舒服。"大象医生细心地给大家解释。

"是啊,有一次家里人看着我焦虑不安,让我去打麻将。他们是希望通过打牌能转移我的注意力,可是回来以后我却感觉到更加疲惫。"蜥蜴奶奶说。

大象医生点点头说:"很多人可能会想到转移注意力,可是很不幸,你越是转移注意力,焦虑会越像狗皮膏药一样粘住你不放。抗争和逃避,不管是哪种态度,都对解决问题没有任何帮助!"

"那我们应该怎么办呢?"河马先生焦急地问道。

大象医生说:"只有面对,面对才是解决的开始。"

"我们所做的不叫面对吗?"河马先生问。

"不是,面对是看着它,什么都不需要做。比如焦虑来了,你直面它,它就会在你不断适应之下越来越淡,最后一点点消失。相反地,如果当恐慌或症状最严重时,我们开始退缩了,而这又会使我们更为紧张,进而分泌更多的肾上腺素和应激激素,从而产生更为强烈的症状!"

说着,大象医生打开一张大海的图片,指着海边的巨石说:"当大浪打来时,这些巨石都无法与其抗争,

而是任凭海浪拍打在它们身上,海浪总会退去,这就是接受和面对。

"当恐慌来袭时,不妨放下沉重的身躯,做好准备让恐慌一阵阵掠过你的身体。如果你把问题看清楚了,惊慌就不过是一阵电流,一阵微不足道的电流而已。

"让身体去做它想要做的事情,别拦着它,别拼命地不让自己惊慌,也别试图去想其他的事情以分散注意力。要心甘情愿地向恐慌低头。

"去接受吧！让它们都来吧，甚至主动去迎接将要到来的一切。当恐惧来的时候，就想象真好，又一次学习放松自己的机会来了。"

### 第三节

## 带着"有毛病的心脏"去工作

"大象医生，你说的面对我有点懂了，是不是只要我们面对症状了，我们就好了呢？到底什么时候我们不会再出现那些讨厌的症状呢？"兔子太太问道。

大象医生微笑着对兔子太太点点头，并环视大家一圈，发现似乎大家都有同样的疑问。接着，大象医生停下来，整了整领带，不慌不忙地对大家说："面对只是第一步，接受是第二步，当你面对了焦虑后，别指望这

些烦人的感受会立马消失,它还是会在一段时间跟随着你。不过不用担心,这些都是暂时的,它不会永久跟随你。"

大象医生缓缓地说,似乎在等着动物朋友们慢慢地理解所说的内容。"你需要心平气和地等待,这种感觉不会立即消失的。这个时候,你的神经系统仍然会很疲惫,需要一段时间恢复。在这一过程中,你不要试图去控制它,而应该去接受它并与之共处。"

大家都低下了头，想象疲惫的神经系统慢慢恢复的样子，想象这种等待的过程会有多么艰难。

河马先生率先打破了平静："大象医生，我心里已经完全接受这些症状了，可我的心脏还是时常跳动得很快，这种怦怦乱跳、重击似的'震动'每天都会陪伴着

我，挥之不去，这让我很苦恼。"

大象医生微笑着对河马先生说："你的这种情况大多数焦虑的动物朋友都会有，很感谢你分享你真实的感受。我要说的是，你所说的这种'接受'不是真正的'接受'，实际上你仍然对心脏的健康持有怀疑。你所说的持续性感觉到心脏快速跳动，这是过度紧张关注的表现，如果这时我们找一块有秒针的表来测测脉搏的话，我怀疑每分钟的心跳甚至还不到 100 下。事实上，你的心脏不见得会比健康人的心脏辛苦多少。"

河马先生张大嘴巴，说："是啊！我在检查的时候用二十四小时心脏测速仪，都显示正常。可我就是觉得心脏跳动很快。我甚至还怀疑是不是测速仪坏了，可换了一个，还是这样！"

大象医生笑了笑，继续解释道："你的心脏当然没有问题，问题在于你对心跳太过敏感。如果继续这样焦急地计算心跳的话，你会一直敏感下去的。实际上你这样的心跳并不会对心脏造成丝毫伤害。如果愿意的话，你还可以去打打球、游游泳。如果你有兴趣

和精力去参与这些活动的话,我敢说,你的心脏更有可能会平静下来。"

河马先生挠挠头,疑惑地说:"你说我的心脏没有问题,可是我有时还会感觉到心脏疼痛,连内科医生也怀疑是心绞痛。"

大象医生耐心地解释道:"你感受到的疼痛只是由于胸壁肌肉过度紧张而产生的,心脏病并不会在上述地方引发疼痛,而真正的心脏疼痛也不会在心脏部位显现出来。"

"有时候我会觉得我的心脏已经跳到嗓子眼儿了,并且随时都会爆炸。"河马先生说。

大象医生进一步讲解道:"你这种胀得快要爆炸似的感觉不过是颈部主动脉异乎寻常的有力搏动而已,我向你保证,这种事情是不会发生的。你的心脏根本就没在咽喉附近。如果你能看到自己的心脏肌肉是多么厚实,进而明白它多么强有力的话,你就一点儿都不害怕它会因为心悸而爆炸或受到损害了。

"过去你曾错误地认为,只要心脏仍在快速跳动,你的病肯定就还没好。现在你要做好准备,在神经系统变得不那么敏感之前,暂时忍受这种毫无规律的心跳。当你不再恐惧时,神经系统也在慢慢修复,如同皮肤表层的外伤伤口在慢慢愈合一样。在这段恢复的过程中,这样的心跳会持续一段时间,但你要相信,在这样心跳

的情况下，同样可以运动、工作。"

听了大象医生这么解释，动物们都释怀了，感觉轻松了许多。他们纷纷表示知道下一次在病症来时如何应对，再也不会像以前一样，手足无措，感到恐慌。

## 第四节

## 瘫痪的狗爷爷竟然可以下床走路了

"狗爷爷由于一次摔倒变得不能走路了,持续的恐惧让他变得非常紧张,以至于怀疑自己四肢退化,腿好了仍躺在床上,不能走路,也不能抬起胳膊吃饭。进行过很多治疗,都没有效果。"

大象医生讲起了他的案例。"经确诊后,我认为瘫痪的症结在于想法而不是肌肉,教了他一个神奇的'飘然'疗法。"

"我问狗爷爷,你此时脑袋里是不是有很多想法和担心呀?"

"是呀!我担心我的手和腿都没有力气,抬不起来。我也担心我万一站起来就摔倒了怎么办,我还担心我的腿没有力量支撑我的身体……"狗爷爷说。

"很好,现在我们就把这些想法一个个地想象成一

朵朵云，从我们的头脑里，慢慢地飘散出去，飘，让它飘一会，慢慢地，慢慢地飘到脑外。"大象医生轻缓地对狗爷爷说着，并引导狗爷爷想象着那些妨碍他恢复的想法一个个地从头脑中飘散出去——它们仅仅是想法而已，没必要大惊小怪。

"接下来，我们放松自己的身体，放下所有的力气，身体变得越来越轻，越来越轻。我们站在一朵白云上，随着白云身体飘了起来，我们乘着白云飘到自己想去的地方……"大象医生一步步带领着狗爷爷做放松训练，一步步地进入到更深的放松状态，神奇的是，这个治疗竟然唤醒了狗爷爷瘫痪的肌肉，没过几天，狗爷爷就可以把食物缓缓地送到嘴里了，他甚至还准备下床走

路了。

大象医生对他说:"飘着走,你能做到的。要飘然地将恐惧置于身后。"于是,狗爷爷竟然"飘飘然地"在病房内走了一圈。

这很不可思议,是吧?!一句简单的"飘一会儿"就能使被禁锢了几个月的身体得以释放!其实原因很简单:在狗爷爷抗争的时候,就会变得紧张,而紧张会限制他的行动。但如果他想着自己在飘,就会放松下来,而这会有助于他的行动。所以对于类似的情况,不要只是去抗争。

大象医生眉飞色舞地将这次治疗的原理讲解给大家。狗爷爷的奇迹,让大家找到了信心,而信心对于治疗起着关键性的作用。

# 第四章 河马先生出院后遇到的困惑

## 第一节

### 镇静剂药可以不吃吗？

河马先生在医院待了一个星期后，病情得到控制，出院后回到家里，面临的第一个困惑就是药到底还要不要吃。

家里人善意地提醒他："听说，药吃多了会产生依赖性，最后还得摆脱药瘾！""这些药吃多了会有副作用的，还是少吃点！"一方面担心出现家里人说的情况

会发生，另一方面又担心不服药会导致病情反复，河马先生打通了大象医生的电话进行询问。

电话那头，大象医生耐心地解释道："你可能会在网上看到有人说不用服药，病也会好，那是因为他们自身有很强的力量去面对恐惧。但是大部分有神经性疲劳的朋友会非常敏感，他们几乎无力去主动面对恐惧，我在不确定他们已学会应对恐惧的情况下，通常会开一点镇定剂，保证他们适当地休息以保存体力。

"我给他们服用足够的镇定剂，但并不过量。我仍然希望他们能够感受到一定的恐慌以使他们明白他们必须练习去面对、去接受、去悠然地做事并耐心地等待。还有一种情况是在他们已经练习得精疲力尽，需要休息一会儿的时候给他们服用镇定剂，镇定剂只需要服用一天就足以给他们想要的休息。"

"哦哦，原来镇定剂是起到休息的作用啊！"河马

先生点点头。

大象医生继续说:"要知道,服用过量的镇静剂也会让人感到抑郁和瞌睡。如果医生开出的剂量太大的话,你也没有必要坚持按这一剂量服用,而是应该相信自己的判断。因为,为某个特定的病人确定准确的剂量是一件非常困难的事情,这需要多次尝试。所以,如果你希望减少剂量,那么不要犹豫。"

河马先生微笑着说:"好的,那我懂了。如果我觉得这会儿我有能力应对恐惧了,药物可以自行减少。那如果我过段时间,觉得自己的情况不好,是不是可以按照这个标准自己在药店买呢?"

大象医生连忙打断道:"哦!不行!不行!如果你需要精神类药物,哪怕是很小的剂量,你都必须找医生,一定要由医生来控制剂量。千万不要在商店或药房的柜台上买这些药。因为有些药品具有危险的副作用,而药剂师可能并不知道。"

"另外,你也不必害怕在医生的监督下服用镇静剂会染上药瘾,一旦情况好转,你也就不再需要镇静剂了。"大象医生又补充道。

## 第二节
## 什么是真正的接受

过了一段时间,河马先生还是坐不住了,向大象医生抱怨道:"我已经接受了心跳快的感觉,可它还是不消失,现在我该怎么办?"大象医生说:"你看你,现在既然仍在抱怨,那么又怎么能说是真正的接受呢?"

河马先生说:"我常感到心跳加快,所以我不得不躺下,你说我该怎么办?"

大象医生摇了摇头,说:"你这是还没有真的接受!"

河马先生承认自己害怕心跳加速的感觉,这种感

觉如果持续上一个小时他就会担心自己体力不支,所以在症状没有发作之前他就已经开始紧张了。当症状发作后他既想逃避,同时还要为随之而来的疲惫担心不已。像这样紧张地等待下去,本身就是紧张,因而心跳加速当然会发生了。

大象医生说:"你必须准备好随便心跳怎么加快,

仍然可以继续做自己的事情而不必在这个问题上纠缠不清。只有这样才算是真正接受。也只有这种方法，才能最终达到一种是否心跳加速已经无所谓的境界。"

"那也就是说，我在心跳加速时，不能停下来，还是做我该做的事情。"河马先生说。

"是的，这正是我所期望的。"大象医生点点头。

真正的接受，还是想当然地认为自己接受了？这两者是有很大不同的。如果有焦虑症的朋友对胃痉挛、手出汗、心跳快速沉重、头疼等症状并不十分在意，那就意味着他真正接受了。

就算一开始不能平静地接受，那也没有关系，因为在这个阶段要平静下来，几乎是不可能的。所以，继续正常的工作和生活，而不把过多的注意力放在这些症状上面，就是接受的开始。

## 第三节
### 这病真的能痊愈吗

平静了两个星期，河马先生觉得自己已经恢复了。

可是突然有一天，那种熟悉的可怕感觉又来了。河马先生忍不住想，是不是我的病又复发啦？

大象医生说："尽管你在治疗方面取得了一些进展，但你的症状肯定还会在一段时间内持续存在。这一点并不难理解，因为尽管你现在能够面对并接受症状了，但分泌肾上腺激素的神经仍很疲劳，也很敏感，它们还需要几个星期甚至更长的时间来慢慢恢复。就像赛跑者一

样,即使已经到达终点,赢得了比赛,他也还要继续跑上几步才能停得下来。"

"那我需要等多久呢?"河马先生问。

"等待大概是最痛苦的一件事了。说真的谁也不知道需要多久,这有点像因上努力,果上随缘,你只管努力去做,剩下的交给老天就好了。"大象医生无奈地摇摇头,继续说,"没有确定的时间,也许很快,也许很慢,所以等待就很重要。在这个过程中,唯一能做的就是平静地接受,让自己从恶性循环中解脱出来,再一步步让自己康复起来。这个取决于你能否真正平静地等待。"

河马先生皱紧了眉头,自言自语道:"等待,耐心地等待……我还能变回原来的我吗?"好像自己付出了努力,却不知道是否能够见到预期的成果。何时是个头,还得听天由命。这病,真的能痊愈吗?

大象医生似乎看透了他的心思,说:"这个病,有的医生说是不能完全治好的,而我认为是可以痊愈的。对于痊愈的理解,我认为症状的消失不叫治愈,症状变得不再有影响力才叫治愈。如果,你认为那些烦人的感

觉不再出现才叫痊愈，那谁也不敢保证。我们能够练习的是，当这些症状再出现时，让它们变得无足轻重。"

河马先生点点头，努力尝试不把症状当回事。在大象医生看来，最好的状况就是，当症状来的时候在心里对它说：小样儿，又来了哈。然后该干吗就干吗，很快过一会就忘记症状了。

# 第五章 河马先生组建抗焦虑互助联盟

## 第一节

### 肌肉放松训练能有效地消除紧张

等待痊愈,是一个漫长的过程,河马先生将焦虑的病友们组织在一起,形成互助联盟,大家相互鼓励并陪伴康复训练,一方面可以帮助更多的焦虑朋友找回宁静,另一方面可以督促自己更好地坚持训练。

在所有的康复练习中,放松是第一位的,当身体放松的时候，精神是不会焦虑的。所以，消除肌肉紧张，即可结束这种恶性循环。

肌肉放松有很多方式，小伙伴们有的选择瑜伽，有的选择在公园里慢跑，还有的选择打太极。

河马先生选择了一项最简易的，这套练习即使在家里，躺在床上，沙发上也可以做——肌肉放松训练。每天早上起床后以及睡觉前，河马先生都会练习，经过一

段时间的训练，河马先生已经能够轻松地掌握肌肉紧张与放松了。为了让更多的朋友受益，他还教给斑马小姐一起做。

斑马小姐问："我们这一套放松练习需要多长时间呢？"

河马先生说："一次30分钟，每天上午做两次，晚上睡觉前做两次，就可以了，非常简单易学。这套练习对于有焦虑情绪的朋友和有焦虑症的朋友都是非常有帮助的。"

斑马小姐说："太好了，那多久可以见到效果呢？"

河马先生说："首先对于效果的定义，通常是指一次练习所获得的放松可以持续一整日，或者持续若干小时。我现在是坚持2~3周就达到了。"河马先生接着说，"那我们现在就试试吧！"

"好的。"斑马小姐点点头。

"肌肉放松很简单，接下来我会放一段音乐，跟着音乐做就可以了。我们需要找一个安静不受打扰的地方坐下，背打直。"河马先生说完，就打开了录音机，坐端正后，眼睛微闭。

"下面让我们一起来做肌肉放松练习。首先，我们做三腹式深呼吸。"录音机里传出磁性的声音。

"接下来，我们需要让全身放松，而放松最好先经历全身的紧绷。现在请你双手握拳，将双拳贴近你的胸口，低下你的头，闭上你的眼睛，攥紧拳头，闭着气，再用力，去觉知那种紧绷的感觉。保持 7~10 秒，好，放松。

"把身上残余的力量都释放掉。去享受那放松的美妙感觉，你感觉到非常平静，非常舒服，你可以分辨紧张和放松的差异。

"接下来，你要再一次重复刚才用力紧绷的动作。

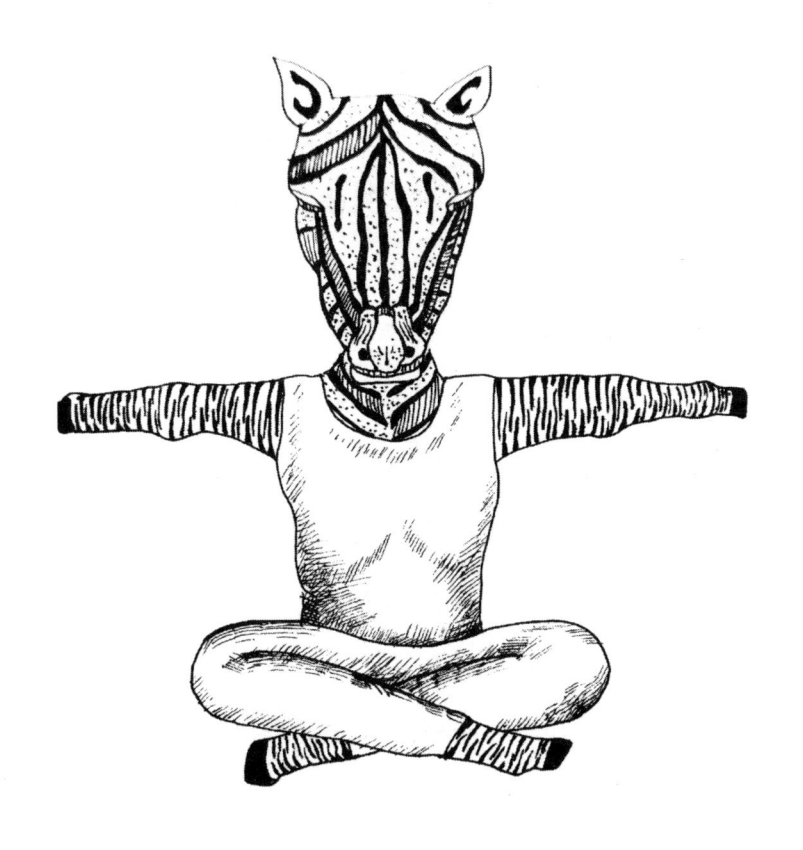

但这次双手前臂抬起，前臂与上臂尽量靠拢，紧绷肱二头肌。

"现在低下你的头，闭上眼睛，然后开始用力地紧绷，闭着气，尽量用力，在安全的范围内，尽量用力，去感知肱二头肌紧绷的感觉，再用力，去感知那种紧绷的感觉。保持7~10秒……好，放松，把身上残余的力量都释放掉，去享受那放松的美妙感觉。你感觉到非常平静，非常舒服，你可以分辨紧张和放松的差异。

"双手手臂向外伸展至水平位置，伸肘，拉紧肱三头肌（上臂后侧肌肉），保持……然后放松。

"尽量抬高眉毛，收缩前额肌肉，保持……然后放松。放松时，想象前额肌肉慢慢舒展、松弛。

"紧闭双眼，紧绷眼周肌肉，保持……然后放松。想象深度放松的感觉在眼睛周围蔓延。

"张大嘴巴，拉伸下颌关节周围的肌肉，绷紧下巴，保持……然后放松。张着嘴，让下巴自然放松。

"头向后仰，尽量靠向后背，收紧脖子后面的肌肉，专注于收紧颈部肌肉的动作，保持……然后放松。脖子后面的肌肉常处于紧张状态，所以最好做两次这样子的'收缩——放松'活动。

"双肩同时最大限度地向上耸起，绷紧肩部肌肉，保持……然后放松。

"双肩外展，尽量向后背中线靠拢，绷紧肩胛骨周围的肌肉。让肩胛处的肌肉保持紧绷……然后放松。

"深吸一口气,绷紧胸部肌肉,坚持 10 秒……然后慢慢呼气。想象胸部的过度紧张感随气息的呼出而流走。

"收腹,收紧腹部肌肉,保持……然后放松。想象一阵放松感遍及腹部。

"背部弓起,拉紧下背部肌肉,保持……然后放松。如果下背疼痛,可以省略这部分练习。

"收紧臀部,保持……然后放松。想象臀部肌肉慢慢放松,松弛。

"收缩大腿肌肉,保持……然后放松。感觉大腿肌肉完全舒展,放松。大腿肌肉与骨盆相连,所以收缩大腿肌肉时必须同时绷紧臀部。

"向自己的方向用力伸脚趾,绷紧小腿肌肉,保持……然后放松。做这个动作时要小心,以免抽筋。

"蜷起脚趾,绷紧脚面,保持……然后放松。"

感觉一下自己的身体是否还紧张,仍感到紧张的部位,重复1~2次"收缩——放松"活动。现在,想象放松的感觉慢慢遍布你的全身,从头到脚,逐渐渗透到每块肌肉。

斑马小姐慢慢地睁开眼睛,微笑着说:"感觉身体很轻松,心情也很轻松。"

河马先生说:"很好,就这样回去练习,每天至少两次。这音乐是我自己录下来的,网上也有很多这样的音乐。当然,你也可以录一个,自己的声音,找到舒缓的音乐,慢慢地读下来,就可以了。"

## 第二节
### 应对失眠我们可以做些什么

夜幕降临时,河马先生常常会害怕夜晚来临。互助

联盟里的其他很多动物也一样,到了晚上,反而更加精神,惶恐地躺在床上,脑子里飞快地闪过各种可怕的想法,挥之不去。

对互助联盟里的很多动物来说,一夜好眠几乎可以说是难得的享受。有的动物,下班以后会与朋友们推杯换盏，趁机消遣到深夜；有的妈妈只有等孩子们进入梦乡了才能享受自己的自由时光；更多的是没什么事情可做的朋友们半夜还在刷手机，到了凌晨才上床睡觉，却翻来覆去怎么也睡不着。伴随着黑眼圈加深，毛发也越来越稀疏。实际上充足的睡眠是身体健康所必需的，缺少睡眠既可能是产生焦虑的原因，也可能是焦虑引起的后果。

大象医生提醒，遇到这样的情况时，心里要默念"我的身体处于一种敏感状态，是疲惫的神经系统产生的过激反应，而不是问题严重性的表现"。

放松，坦然地面对它们，不是逃避或试图加以控制。让它们飘走吧！放开它们，不要抓住不放。不要恐惧失眠。努力接受睡眠不好的夜晚，即使只睡几个小时，第二天还是可以正常工作和生活，越是反抗、抗拒、恐惧失眠，越不容易摆脱失眠。

河马先生组织了一次"睡眠探讨会议"，让大家头脑风暴：我们能够做些什么才能拥有更好的睡眠？

鼹鼠先生说："我觉得晚上睡不着，是因为体力消耗不够。我曾经尝试过，白天坚持运动，晚上睡觉前再慢走 20~30 分钟，这样晚上就能够很好地入睡了。"

兔子太太补充道："鼹鼠说的很对，还有一点要注意，就是午睡的时间。我曾经有段时间午睡很长，晚上就睡不着了。所以，如果午睡，最好不要超过一小时。"

河马先生也发表了自己的意见："我觉得固定时间入睡和起床，养成规律的生物钟很重要。有时候没有睡好，即使早上感到很疲劳也要遵守计划好的起床时间，这样很快身体就能够找到自己的节奏，调整过来了。"

驯鹿先生插话道："还有还有，睡觉前不能吃太多的东西，也不能饿着肚子睡觉。我有几次就是刚刚美餐了一顿就去睡觉，结果怎么也睡不着。"

松鼠小弟问："如果晚上确实睡不着觉，那我们应该做些什么呢？"

河马先生说："大象医生曾经说过，如果晚上睡不着，就不要强迫自己入睡。如果上床后 20~30 分钟仍不能入睡，可以下床做些事放松放松，比如看书，看电

视,或者坐在椅子上听舒缓的音乐、冥想,感到困倦时再回到床上。"

松鼠小弟说:"可我常常是睡到半夜就醒了,然后翻来覆去地睡不着。"河马先生点点头:"是的,我也会这样。可是大象医生说,如果半夜醒来难以入眠时,也可以采用这样的方法,起来做点什么,放松放松。"

## 第三节

### 清晨起床那一刻非常重要

清晨醒来起床的一刻需要我们给予特别的关注。

有人说"你怎么过清晨,就怎么过一生",俗语也说"一日之计在于晨",清晨起床的那一刻的确非

常重要。

河马先生告诉互助联盟的动物们早上醒来后就赶紧起床，越是躺在床上不起，一天的情绪就会变得越低落。兔子太太却说："我身体的各项机能还没开始运转，怎么能够下床呢？为了让它们运转起来，有时我得花上几个小时的时间！"

对于这个问题，河马先生专门请教了大象医生。事实上要想使"身体的机能"快速运转起来，必须命令自己，而不是劝诱，特别是不能一味地躺在床上哄自己。不可否认的是，最初醒来的半个小时可能会造成致命的打击，而大部分朋友也是在这段时间开始退缩的。

如果醒来后不起床，躺着的时间越长，就越难摆脱痛苦。如果能够及早起床，那么过一会情况就会有所好转。

为了让更多的朋友能够早起，河马先生在互助联盟里面发起了打卡活动，让大家一起行动起来。事实上对于神经疲劳的朋友们来说，早起是件非常困难的事情，如果互助联盟里的朋友们早上睁开眼后能够慢慢地下床，洗漱完毕，到沙发上坐一坐，那就已经非常不错了。此外，听一听轻快的音乐也有助于摆脱清晨的焦虑。

河马先生在听完音乐，吃过早餐之后，就安安静静地坐在沙发上等着家人醒来。有时候他会出去散散步，这样比坐在家里更好。河马先生认为，最关键的是一醒来之后就要赶快起床找点儿事做，这样清晨的焦虑才不至于变得难以消除。

猩猩大哥常常早上睁眼的第一件事情，就是翻看手机。有时候看到网络新闻，会看到一些不好的评论，心情很容易受影响。在加入联盟以后，河马先生告诉他，手机里要存放一些欢快的音乐、冥想或者语音书，早上睁开眼就播放，将自己的能量调整到高频，而不要受到低频信息的影响，从而陷入无边的忧虑中。

猩猩大哥在河马先生的带领下，慢慢地不再过分关注手机上的负面信息了，也没有以前那么容易感到焦虑了。

## 第四节

## 焦虑鸭小弟读高三最大的担心

在互助联盟里面有一个学生叫鸭小弟，鸭小弟说他今年正读高三，当别的同学都在努力为高考做准备的时候，他却要应对焦虑症。相比时而发作的症状，更让他焦虑的是别人会怎么看他。

鸭小弟说："我害怕出门，担心遇到邻居。他们总是关心地问我怎么没上学呢，第一次我会说感冒了身体不舒服，但第二次第三次总不能老这么说。于是，我就想尽各种办法躲着他们。每次出门前，像是做贼一样，趴在门口听，走廊上没动静了，我就一溜烟跑出去。有的时候在外边碰到熟人，我会赶紧找个岔路钻进去，有时也会蹲下来系鞋带或者装作买东西什么的，反正就是想尽一切办法躲着他们。"

熊大哥摸了摸鸭小弟的头，想想当年自己也经历过

同样的情况。

鸭小弟一脸惆怅，接着说："除了担心邻居，我也担心同学老师对我的评价。他们肯定会想，本来好好的一个学生怎么就不上学了呢？同学们一定是想我会不会有什么问题，是不是哪儿不正常？我满脑子都害怕别人认为我不正常，有着很强的羞耻感，况且我待在家里跟个废物一样，什么也干不了，感觉我拖累了整个家庭。"

鸭小弟长叹了一声，无奈地摇了摇头。这时，熊大哥站了出来，安慰他说："鸭小弟，你说的这些，仿佛让我回到了从前，我也经历过和你一模一样的情况，当时我从学校回到家里休养了半年的时间，整天都在预想，我该怎么向同学编这个谎，或者怎样面对同学对我的冷眼。也害怕朋友邻居们到我家里来。相信别的朋友也有类似的情况吧！"

河马先生说："是的，虽然我没有上学，但是我很担心同事们会怎么看我，老是想他们一定会觉得我很不正常！"

熊大哥说："后来发生了一件事情，让我改变了看法。毕业很多年后，我们班同学聚会，十几个同学在一起吃饭。喝了点小酒，感觉话匣子被打开了，我问他们知道我当年为什么半年的时间都没在学校吗？他们的回答让我非常惊喜。有一个女同学说'我记着你好像一直都在班里呀！'旁边的好几个同学也跟着说：'对！对！对！我就记得，你是一直在班里！'旁边有一个男同学抢话说：'我听说，你爸你妈给你请了一位非常厉害的老师，单独辅导去了！'当时我

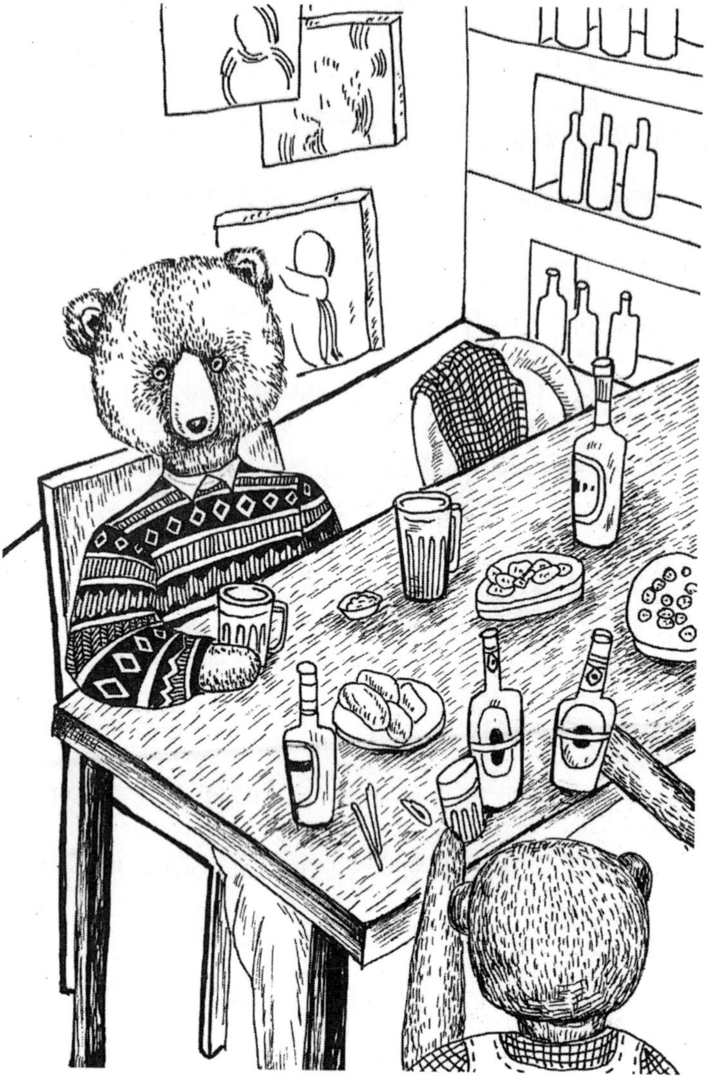

一听就乐了，这可比我预想的理由要精彩多啦！旁边还有一位我当时的同桌，他应该是最清楚我没有上学的事情，他说：'当时我曾问过老师，老师说你转学了，后来我也就没再追问。'我大大方方跟他们说了我当时的情况，心理压力很大，焦虑，以及当时的想法。没想到他们都表示理解。"

熊大哥喝了口水，继续说道："现在我才知道，你以为别人都看不起你，实际上大家都很忙，根本就没时间想那么多。人家都在努力拼搏，每天从早到晚地忙碌，谁会关心少一个人多一个人。实际上我算哪根葱，哪头蒜啊，人家凭啥老是关注你，每个人实际上最关心的都是自己！"

大家垂下了头，反思自己的担心，可能都是多余的。熊大哥继续说道："而且我发现跟他们聊着聊着，他们也开始说一些自己的不快乐，也开始吐槽他们遇到的一些问题。跟他们聊完之后，我发现其实大家都有很多的烦恼，平时也不会说这些，我们看到的只是表面，看到人家朋友圈发了一个今天很开心，就以为他很开心，其实这只是他希望大家看到的,并不是他真实的一个生活状态。"

我们有的时候很在意别人的评价,实际上是自己对自己的看法,实际上是自己对自己的否定。其实别人并没有看不起我们,而是我们自己看不起自己。真正的现实是每一个人都有烦恼,可能我焦虑了抑郁了,但是别人可能也有别人的烦恼。

如果你还在担心别人对你的评价,先不要管这个,我们首先要正确看待自己现在这个状态,先要允许自己,有这么一个阶段,先包容自己,先理解自己,先不用去总是否定自己,先给自己放一段假,让自己轻松轻松。而自己的生活一直在变化,自己的状态也一直在变化,过一段时间就好了。我们不要因为现在这个状态就给自己贴上不行的标签,失败的标签。生活就是这样,会遇到一个特殊的阶段,会遇到一些不好的事情,会觉得有一些压力承受不住,也没关系。我们首先要做的就是要接受自己,接受自己现在的状态。

## 第五节

## 让自己有事可做又不太忙碌

自从患了焦虑症以后,面对白天漫长的焦虑等待,动物们各施其招。肥猪先生什么事情都不想做,情绪很低落,最后干脆整天待在家里郁郁寡欢。犀牛大叔为了

让自己不这么焦虑，转移注意力，努力地让自己忙碌起来。结果，情况反而变得更糟糕了。

河马先生告诉互助联盟里的伙伴们，摆脱焦虑情绪的同时，应该让自己保持有事可做，这一点非常重要，尤其是重度焦虑抑郁的朋友们。同时，也不要为了追求忘我的状态拼命地工作，这是在逃避，恐惧并不会被甩得很远。最好的状态是，面对自己的症状，接受它们不时复发的可能，在这样的前提下适度保持有事可做。

河马先生曾经在病房中看到过好几个朋友，他们本来就快要痊愈了，但是由于突然间变得无事可做，病情又急剧恶化。所以，他希望能够通过焦虑者互助联盟，帮助到情绪低落的朋友们，不要坐等身体康复，而是努力地充实自己每一天的生活。

保持有事可做是治疗焦虑抑郁的重要手段。如果想要康复，必须给自己找点事做，同时在白天离床远点儿。对于情绪低落的人来说，和其他朋友一起做些事情非常重要。

所谓的有事可做，并不一定是高强度的工作，也可

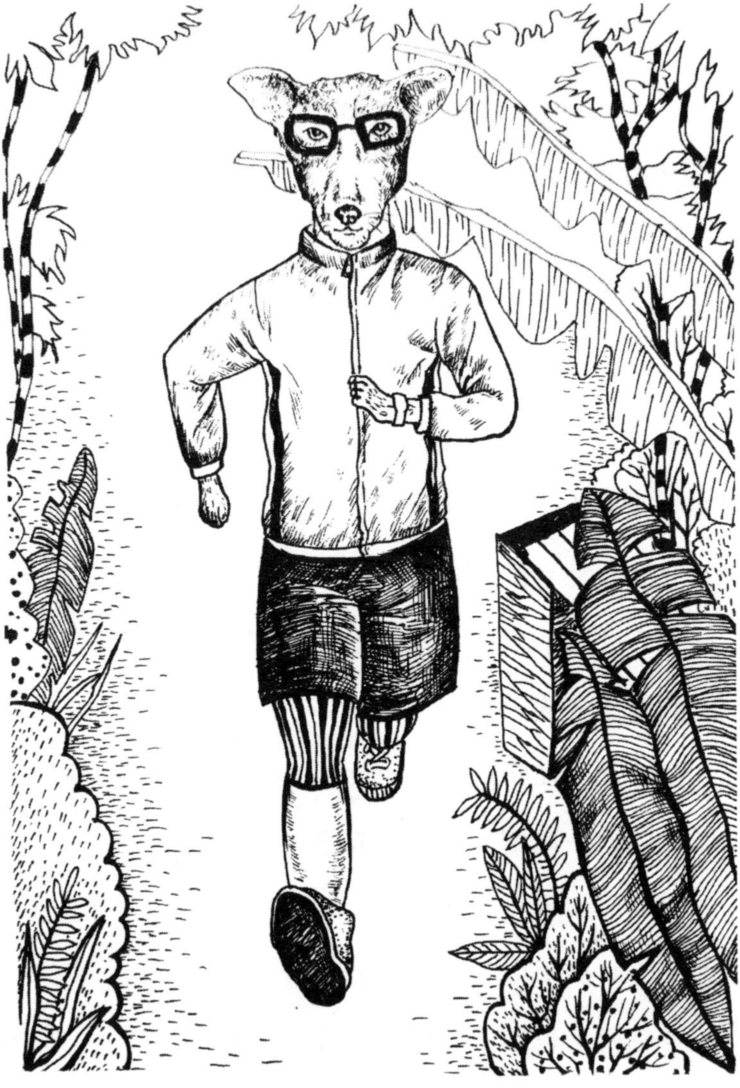

以是扫地、煮饭、运动等，也可以是参加一个感兴趣的学习班，或者打牌、聊天等等。如果实在什么事情都没有，也可以在家里或者办公室四处打量一番，看看有什么事情需要完成，有没有哪件事情已经拖了一段时间还没有做。列出自己的待办事项，确定自己想先做哪一件事情。

河马先生鼓励大家说："我们应该投身于一项工作或者参与一项活动，让自己从对未来可能发生的危险担忧中抽身而出，转而思考使用什么策略完成手头上的任务。更为重要的是，如果想要自己快点康复，摆脱焦虑，最好的方法是，做些事情帮助别的朋友早日康复。"

狗先生率先站了起来，说："我擅长跑步，我就带着大家一起运动吧。每天早上我在公园等大家，愿意来的朋友我们一起跑步，运动起来。"

鹦鹉小姐说："我也可以教大家唱歌！我们组个合唱团吧！高声唱歌有助于抒发情绪。"

蜥蜴奶奶也不示弱说："我可以教大家插花，插花可是很有助于陶冶性情的哦！"

肥猪先生噘了噘嘴说:"我什么都不会,我只会吃!要不,我们一起来研究美食,做好吃的,再吃好吃的,想想都挺美!呼噜噜!"

犀牛大叔不好意思地说："我什么都不会！我想只能陪大家聊聊天了！"河马先生笑起来："聊天可是个非常重要的工作哦！"

如果你有个人爱好，就请尽情享受吧！如果你有一直都很想尝试而没有去做的事情，行动的时候到了！是时候开始一些新的、有意义的活动了。

### 第六节

## 寻找智慧的朋友帮助你思考

河马先生在焦虑的时候，很容易陷入一种固定思维，觉得自己的生活处处充满危机。那时候，他常常找大象医生寻求意见，大象医生告诉他，腿伤尚需要拐杖的帮扶，更何况受惊、疲惫的大脑，你需要借用别人的大脑，直到你的大脑从疲劳中恢复过来为止。

河马先生仍然记得第一次进入心理咨询室时，大象医生就给了他一张纸让他画画，画出房子、树、人，这是一个绘画心理测验。画房子、树还有自己。画完以后大象医生就开始解读河马先生的画："你看这个房子画得很简单，可能你在这个家庭当中缺乏归属感，只有一个门一扇窗户，可能是你跟家人的沟通有点障碍。你画的树，树杈很多，可能代表你的理想追求也很多。树上像年轮一样的东西，一般是代表一些创伤和挫折。"

河马先生像被触动了，打开了话匣子，开始不停地述说自己的苦恼："和我一起工作的朋友他们都买了房买了车，为什么自己还是这么失败？我现在这样了，我的同事邻居他们会怎么谈论我？他们会不会看不起我？我感觉我不应该走这么多弯路，为啥去医院那么多回，怎么就没人告诉我问题在哪儿呢？全都是误诊，还白花那么多钱？我的病会不会好不了？怎样才能不难受呢？我为啥总是心慌，胸闷难受呢？"河马先生一股脑儿地把心里堆积了很久的苦闷都倒了出来。在河马先生看来，他一直闷着都不愿意跟别人说，觉得很丢人，他要强的性格，不允许自己这么差劲。现在找来心理咨询师，好歹是花了钱的，对面有人心甘情愿地听他说，那可不得使劲儿地说。

咨询的最后，大象医生给了他三点建议：第一，先不要跟别人比，先走自己的路。第二，别给自己太高的要求，把轻松快乐放在第一位，先给自己减压。第三，这些症状，包括心慌、乏力、胸闷等，还有这些乱七八糟的想法，都是神经疲劳的结果，所以在家要好好调养，先吃好睡好再说。

大象医生最后还给河马先生安排了任务，下次咨询的时候再探讨。第一，想想从小到大影响自己最大的两件事是什么；第二，写下自己的两个梦想；第三，理想中的自己是什么样的。

驯鹿先生听得聚精会神，问："医生建议我去做心理咨询，可做心理咨询不便宜，我到底有没有必要去呢？"

河马先生说："对于心理咨询每个人的看法是不一样的，从我自己的角度来看，还是很有作用的。我当时做心理咨询，家人就不太认可，他们感觉我还行啊，没什么事儿啊，也没缺胳膊少腿，就是想太多了。去心理咨询还得花钱聊天，你有什么事情可以跟我们说呀。但对于当时的我来说，我觉得是有必要的，我觉得我跟谁说好像都不对，感觉自己憋得慌，跟朋友说吧，他们都不懂，跟家人说吧，怕他们担心。他们看着我整天沮丧的样子，都已经天天唉声叹气了，我还对他们说这些事，他们会更加难受。更何况，我自己的很多负面情绪也都是来自父母和家庭，我如果跟他们说，说我对你们有什么意见啊，如何如何啊，那肯定得吵起来。之前早就吵过很多次，你这边一说完那边就说，我也是为你好啊，你看我们也不容易，挣点钱多难，尤其是两边情绪都上来了，气急了有的时候摔东西砸东西，撕心裂肺的连哭带喊，我那个时候也知道自己的情绪非常重要，所以说还不如不说。我当时内疚、自责，长期的这种心理冲突，情绪压抑积累出来，加上性格又是典型的完美主义，特别内向，很多心结打不开，确实需要一些情绪上的疏导。我当时经常以泪洗面，每天都得偷偷摸摸地哭一把，自己想肯定想不过，所以，我觉得那个时候确实是需要心理咨询师帮助的。"

"寻找心理咨询师，在我看来有三个方面的好处。"河马先生说，"第一，有这么一个倾听者他能够理解你，与你共情，这一点就很不容易。对于我们这个群体来说自己常觉得很孤独很无助，身边的家人朋友没人理解你，也没有人愿意倾听你的苦恼，心理咨询至少提供了这么一个情绪的出口。一边说,也是一边在释放自己积压的情绪。每次去找大象医生说完之后,我都感觉内心好像没那么乱了,情绪也会平稳。

"第二，在表达的时候顺便也会挖掘出来一些自己平时根本意识不到的东西，比如我就是在咨询中才发现原来我压抑了这么多的情绪，原来自己没有想象的那么坚强，有的时候说着说着就开始痛哭流涕，那对面坐着一个人能够倾听你理解你，能够给你递个纸巾，安慰安慰你，确实这个感觉很好。

"第三，在交流的过程中既是了解自己，也是在学习，在对方的引导之下，打开自己原本固有的狭隘认知，接受一些新的观念，这就是一种提升。我当时对很多的事情看法是很极端偏执的，尤其对自己的未来是绝对化的看法，就是必须怎么怎么样，不这样就不行，如果没有别人引导自己，就看不明白想不清楚，就一直在钻牛角尖。"

在互助联盟中，河马先生也建议别的动物朋友借用朋友的大脑。如果不是心理咨询师，也可以找一位聪明、可靠的朋友。因为神经疲劳的朋友们已经陷入了一种定式思维的怪圈，每次思考都会得出同样令人沮丧的结果，这使得他们根本无法思考自己的问题。

河马先生说："我们需要寻求他人的帮助，与其他人一起讨论自己的问题，并请他们帮助我们找到一种令人满意且比较稳定的看问题方式。只有这样，疲倦的大脑才能得到休息。"

驯鹿先生说："我可以把大家当成我的朋友吗？我把我的烦恼说出来，就感觉好多了。"

河马先生说："你这只是倾诉。我们要注意不要和太多的人倾诉，以免头脑被不同的观念弄混乱了。我们应该谨慎地选择一位明智的朋友，并坚持由他来帮助自己，因为我们非常容易受到他人影响。"

## 第七节
### "自我关照"是计划里的重要部分

兔子太太在康复的过程中也很有体会，她想把自己

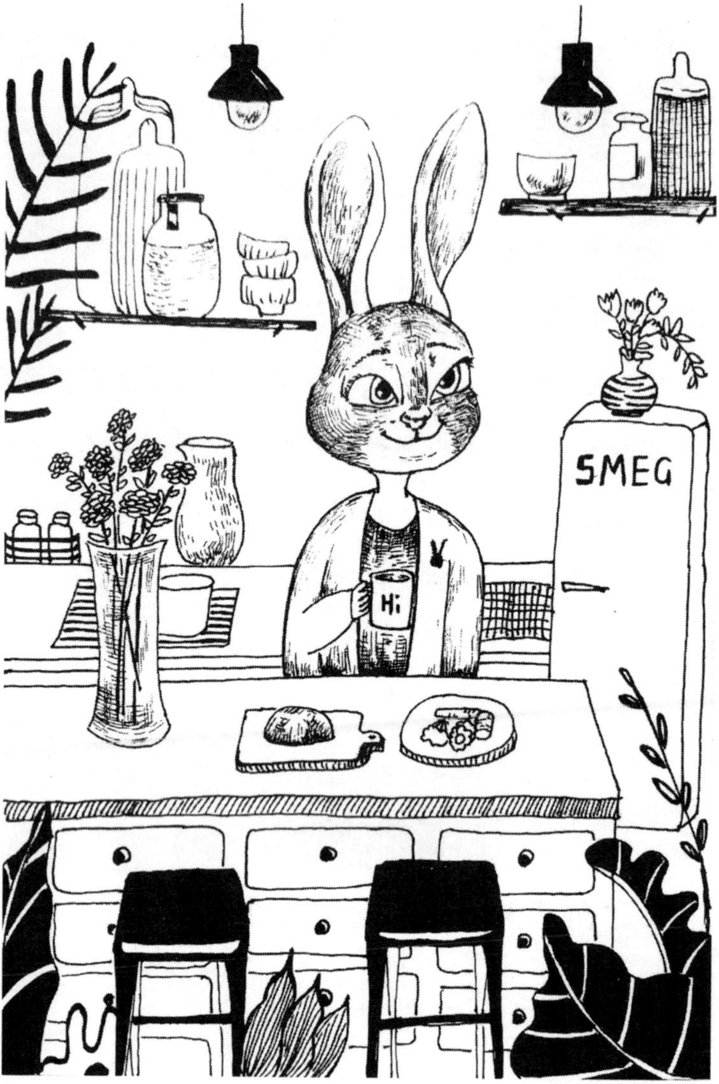
SMEG
Hi

的经验拿出来跟大家分享。"我们的生活变得很忙碌，忙着工作，忙着做家务，忙着照顾小孩。我们是否为自己留下属于自己的时间？在生病期间，我最大的感触就是，要学会自我关照。自我关照就是在日常生活中调整每天的生活节奏，让自己拥有充足的睡眠、娱乐和空闲的时间，这是保持情绪活力和身体活力的前提。这不是可选事项而是必须要做的。很多人连充足的睡眠都保证不了，又何谈自我关照？做点什么事情让自己开心起来！"兔子太太说。

"是啊，我以前就是忙着工作，没有自己的时间，即使在休息的时候，也是考虑工作，没有开心过。"河马先生表示赞同。

"您说的情况很普遍。因为现代生活节奏快、不停不休，我们无法轻易拥有轻松的慢生活。但是我们必须清楚地知道，自我关照并不是可有可无的选择，而是日常安排的必要组成部分，所以我们必须重视起来。"兔子太太说。

"我们提倡大家，空闲时间不做任何与工作相关的事,暂时放下所有职责,甚至不接听电话。"

"大家知道吗?怎么给自己花时间,也是一件非常考验水准的事情呢!"兔子太太神秘地笑了笑,说,"不信大家可以一起来试试!"

兔子太太给大家发了一张纸,纸上有四个方格,请大家各自填写下来。动物们开始绞尽脑汁地思考起来。

**我做哪些事情能让自己更开心呢?**

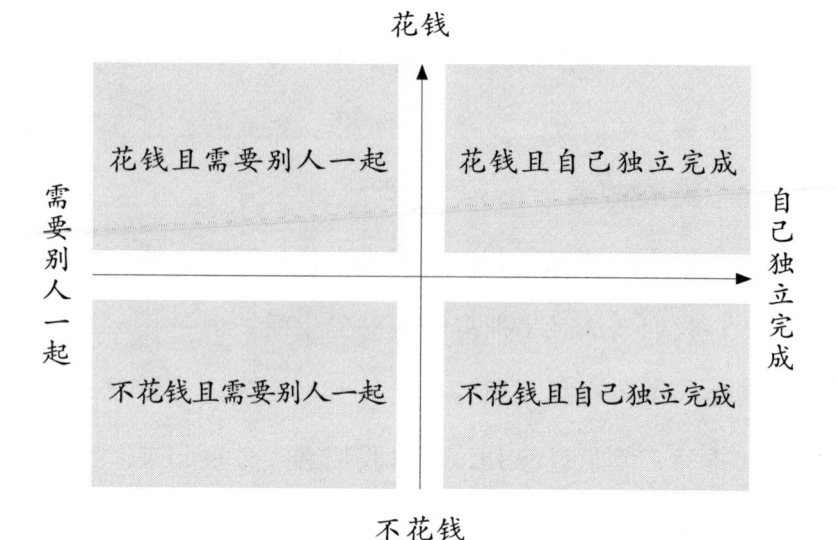

| | 花钱 | |
|---|---|---|
| 需要别人一起 | 花钱且需要别人一起 | 花钱且自己独立完成 |
| | 不花钱且需要别人一起 | 不花钱且自己独立完成 |

（纵轴：花钱 / 不花钱；横轴：需要别人一起 / 自己独立完成）

花时间思考做哪些事情会让自己觉得很舒适。什么样的事情，是自己一直想做但却没有做的？哪些事情是需要花钱才能做的？哪些事情不需要花钱？哪些事情是需要别人一起做的，哪些是自己一个人就可以做的？

看看大家列出来的清单，根据自己的情况，去选择实施吧！也期待你增添更多的内容。

### 我做哪些事情能让自己更开心呢？

|  | 花钱 | |
|---|---|---|
| 需要别人一起 | 花钱且需要别人一起：约朋友喝咖啡、吃一顿大餐 | 花钱且自己独立完成：洗桑拿浴、做美甲、做头发、给自己买一份特别的礼物 | 自己独立完成 |
|  | 不花钱且需要别人一起：欣赏日出日落、在星空下露营、喝茶聊天 | 不花钱且自己独立完成：洗泡泡浴、到风景优美的地方散步、看搞笑的电影、悠闲地逛逛书店或服装店 |  |
|  | 不花钱 | |

快乐和焦虑不能同时存在，上面的每一个方法都可以帮助我们抵御焦虑、担忧，甚至惊恐。

## 第八节
## 运动可以缓解焦虑，仍需注意这些

在抗焦虑互助联盟里有一位运动达人——猩猩大哥。在他的自我康复道路上，认为运动是缓解焦虑最有效的方法之一。

河马先生请来猩猩大哥为大家分享经验。猩猩大哥说："当我们内心感到焦虑的时候，身体会自动出现'战或逃'反应加剧，肾上腺素激增。而当我们的身体处于'战或逃'唤醒模式时，运动是自然宣泄情绪的有效途径之一。在我看来，运动是对抗焦虑最好的方式之一，可以较快地恢复各种恐惧症状。如果是轻度焦虑情绪的朋友,经常运动也可以减少焦虑情绪。因为,我就是通过这种方法,长期坚持运动,让自己变成现在健康有活力的样子。"

小动物们一阵欢呼,为猩猩大哥取得的成效喝彩,同时也为自己看到希望感到开心。

"下面,我就跟大家讲一讲,运动有哪些注意事项。"猩猩大哥继续讲述着。

"首先,我们如果想要达到一定的效果,千万不能三天打鱼两天晒网,想起了就锻炼两天,没想起就不锻炼了,这样是不可能有明显效果的。我们必须要坚持,所谓的坚持是要有足够的规律性和强度,我的建议是一周需要安排4~5次锻炼,每一次时间持续30分钟左右,或者更长。一开始的时候,我们可能会带有康复的目的锻炼,但坚持足够长的时间,慢慢就会变成习惯,成为一种享受了。"说到这里,猩猩大哥嘴角微翘,带着自信的笑容扫视了一圈。

"我也锻炼,可就是无法坚持!"小猪胖胖嘁嘁嘴说。

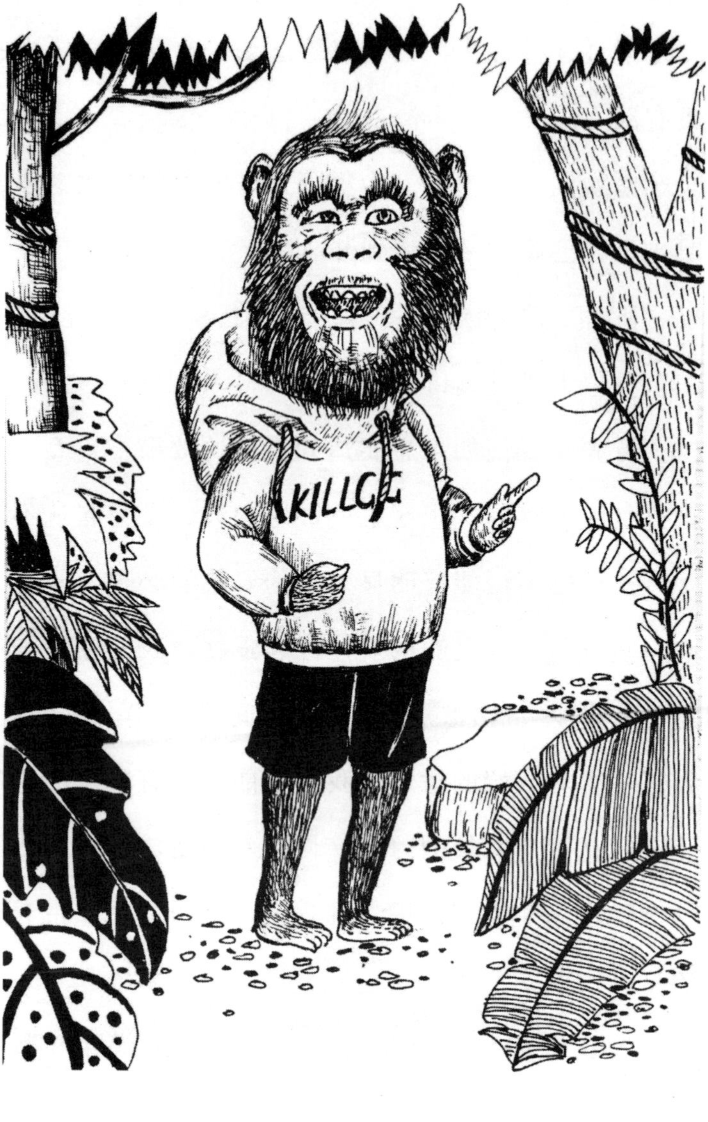

"有规律的经常性运动是克服焦虑、担忧、恐惧必不可少的一部分。如果把有规律的有氧运动和有规律的深度放松练习相结合，必定会大大降低焦虑水平。当然，一个人的坚持是不容易的。我们组成互助联盟，就是大家可以结伴，互相督促，互相鼓励的。有了相互支持的力量，相信我们更能将运动坚持下来，并养成习惯的。"猩猩大哥用鼓励的眼神看着小猪胖胖，小猪胖胖似乎看到了希望，眼神变得坚定起来。

河马先生问："猩猩大哥，运动的方式有很多种，我们是不是可以选择自己喜欢的呢？"

猩猩大哥说："这个问题很好！选择哪种运动方式取决于运动的目的。要达到缓解焦虑的目的，有氧运动通常是最有效的。有氧运动需要较大肌肉群的持续活动，可以缓解骨骼肌肉紧张，提高心血管健康水平，让血液循环系统更高效地为肌体的细胞和组织输送氧气。经常做有氧运动，可以缓解精神压力、增强身体耐力。常见的有氧运动包括跑步、慢跑、自由泳、健身操、骑自行车和健步走等。

"有的朋友喜欢跳舞和瑜伽，这类运动是锻炼肌肉柔韧性的，也是对有氧运动的最佳补充。

"如果你想减肥，慢跑或骑单车可能是最有效的锻炼方式。

"如果你想排解沮丧情绪和攻击性情绪，可以尝试竞技性体育运动。

"如果只是想亲近大自然，远足或者种花养草则最为合适。消耗大量体力的远足活动，可以同时增强体力和耐力。"

河马先生说:"没想到运动选择还有这么多讲究啊。可是我们这互助联盟里面也没有这么多的项目啊。"

猩猩大哥说:"你们可以选择自己喜欢的,参加一个专业性团队,这样在专业技能上以及持续性上就能得到更多的支持。"

兔子太太说:"太棒啦!我明天就去瑜伽会馆学习瑜伽去!"

河马先生说:"那我想去远足,亲近大自然!"

# 第六章
# 为家人求助的长颈鹿太太

## 第一节

### 被家人理解是最重要的能量

一天,河马先生下班回家,发现长颈鹿太太在门口焦急地等他。长颈鹿太太一脸惆怅地说:"河马先生,求求你帮帮我,我不知道该怎么办了。我先生最近因为工作不顺利,他的压力很大,一点点小事,就会大发雷霆。这不,因为我一点事情没有做好,他立马就爆发了。

他总是太过自我,沉浸在自己的悲伤里面,每天都是抱怨、指责,充满负能量,跟他在一起我哪怕半天的时间都待不下去。真不知道该怎么做了!"

"长颈鹿先生睡眠情况怎么样?"河马先生问。

"他就是长期睡眠不太好。以前工作好的时候,忙碌得经常加班。现在压力很大,又焦虑得彻夜不眠!"长颈鹿太太说。

河马先生点点头:"这应该是神经性疲劳引起的,神经长期紧张得不到很好的休息,就容易产生神经疲劳。睡眠是身心的晴雨表,只有优质的睡眠,才能保障健康的身心,你应该带他去看看医院睡眠专科。像他们这样的神经疲劳,是很容易暴怒的,并不是他的脾气不好,而是他的神经过于敏感,对情绪的表现容易失控!"

"是啊,那天他突然说他'快要疯了',当时我也正被各种事情弄得焦头烂额,没好气地回答了他一句:'发疯了就去疯人院啊!'结果他一下子就爆发啦……"长颈鹿太太忧伤地说。

河马先生递给长颈鹿太太一杯水,安慰她说:"帮

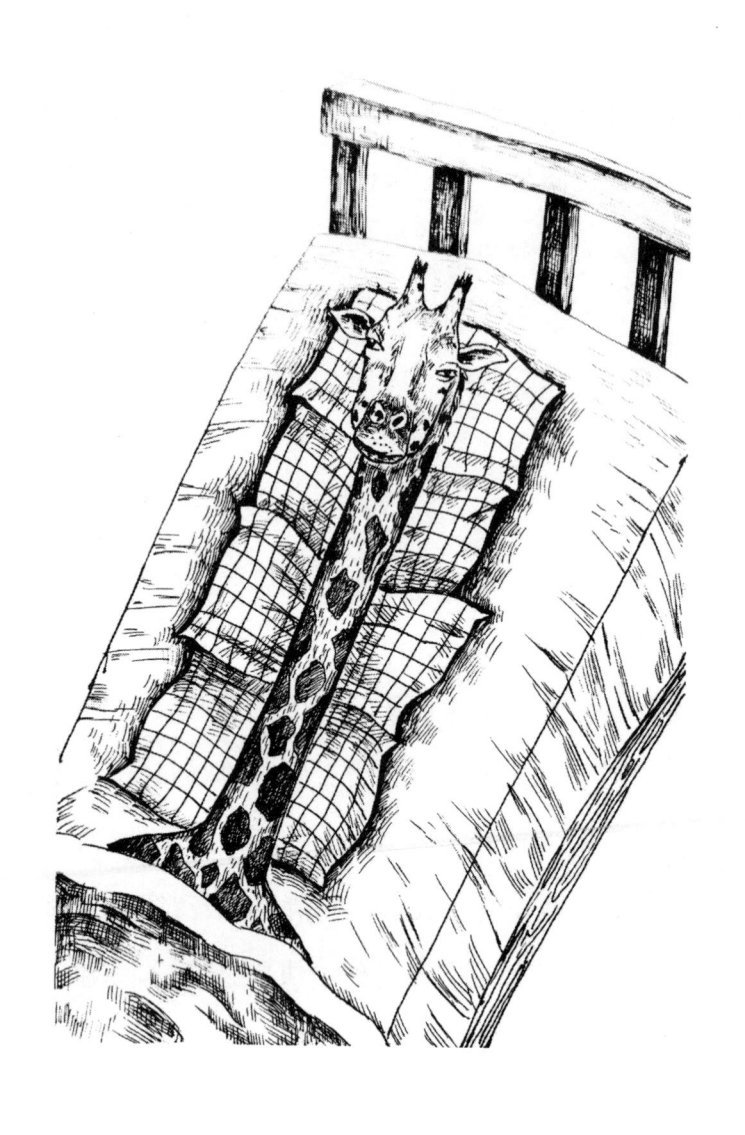

助和宽慰长颈鹿先生的任务一直都落在你的身上，而你也面对着许许多多的事情需要处理，与此同时还要

注意不说错话，你的压力也非常大。正是由于你是长颈鹿先生认为最不可能伤害自己的家人，才成为了给他最致命一击的人。"

"如果你能够把长颈鹿先生看作是一位病人，当他指责、抱怨的时候，就想着他这是生病了，这是病症的一种表现，在正常情况下他并不会是这样自私的丈夫。如果你这么想，忍受或帮助起他来可能会更容易些。注意不要让自己陷入到他的思维模式里面去了。"河马先生说道。

河马先生继续说："从我自己的患病经历来讲，当时我只专注于自己而忽略周围的事情。我把家人给予的舒适和安宁当作理所当然，但却注意不到家人那种寂寞、被忽视，甚至有些厌烦的心情。家人们也在忍受着希望与失望交替出现的煎熬，他们也面临着很大的困难，也有很大的压力。在这种情况下，难免会有人说出一些气话。长颈鹿小姐，作为焦虑朋友的家人，需要你给予特别多的理解。"

当一个人处于焦虑中，最需要的是被理解，这是最

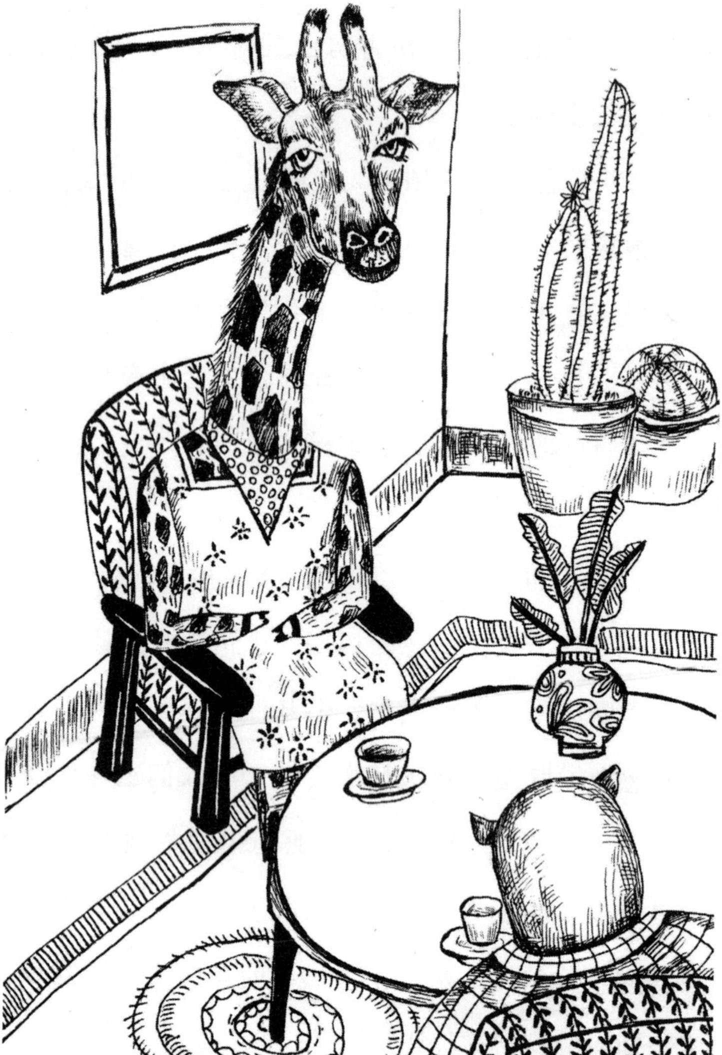

重要的能量。

## 第二节
## 帮助家人制订一个轻松的干活计划

河马先生问:"最近都是长颈鹿先生一个人在家吗?"

长颈鹿太太说:"是的,他现在没有上班,经常一个人待在家里。"

河马先生说:"哦,这样可不太好,你应该让长颈鹿先生有事可做!"

长颈鹿太太摇摇头,说:"我也想他出去做点什么事情,整天郁郁寡欢待在家里,看着都难受!可他就像是没有魂儿一样,对什么都提不起兴趣。"

河马先生表示认同,道:"这也是焦虑症的一种表

现。他很难一下子就投入工作状态，在此期间，你可以帮助他制订一个轻松的干活计划，以便他随时知道自己该做什么。因为对他来说，无所事事的一个小时可能会是一个世纪。对他来说，在繁华的街道坐上一个小时，喝点儿饮料，看着人群来来往往可能要比一个人在家里更有助于身体的恢复。焦虑的朋友非常需要外界环境的帮助，因为他们没有可以依赖的内在的快乐之源。"河马先生继续说道，"如果长颈鹿先生能够同其他人一起从事某项他感兴趣的活动，就最好啦。因为，他需要的是同伴和不断的变化，而不是家里的一片寂静。如果有与他相同境遇的同伴，可能会帮助他很快走出来。"

"所以我才来找您，看河马先生能不能有什么办法？"长颈鹿小姐哀求道。

河马先生安慰她说："您别着急，我们焦虑互助联盟有很多兴趣社团，他可以选择他喜欢的参与进来，我们都可以帮助他。与此同时，我还建议您带他去看看医生，如果严重的话，还得辅助药物的治疗。"

很多家庭都愿意把金钱和精力花在给亲人看病上，但是却极少愿意花心思帮助他找一份合适的工作和个人爱好。这一点非常重要，因为医生只能使病人恢复到一定的程度，之后的康复过程主要得靠他自己通过工作和个人爱好来完成。

## 第三节

### 带有关爱地让步，不要急于让他振作起来

"我的好朋友兔子太太曾发生过这样一件事情，"河马先生对长颈鹿小姐讲，"因为兔子太太需要去医院接受治疗，放心不下年幼的孩子们，跟先生商量后决定

请护工代为照料。然而事到临头她的丈夫却又舍不得另有急用的钱，于是改变了主意，并自以为这样做很明智。你猜发生了什么事情？"

长颈鹿太太摇摇头："不知道。"

河马先生接着说："兔子太太本来恢复得还不错，可一听到护工并没有到家来时，她又开始担心起来，差点儿让三个星期的心理治疗成果化为乌有。"

长颈鹿太太张大了嘴巴："有这么严重吗？请护工还会与治疗有关？"

河马先生说："我们可能难以想象，尽管把钱花在护工身上在兔子先生看来有点浪费，但这可能是所有钱中花得最值的一笔。"

长颈鹿太太略有所思。

"你们可能会时不时地遇到类似的问题，并可能闹不明白自己为什么要给他'让步'。其实这不是让步，而是为了避免他在情绪过于激动、脆弱的时候遭受到精神和情感上的痛苦而做出的努力。一件在你看来微不足道的小事到了他那里也许就成了大事。"河马先生喝了口茶继续说道。

长颈鹿太太长叹了一口气,说:"我知道了,经过您这么一说,我现在更能够容忍和包容他了。"

河马先生微笑了,接着说:"您是位很聪明的太太,您的付出,未来将会收到回报的。但是,还有一点非常重要,需要特别提醒你。"河马先生继续说,"千万不要因为急于让他好起来,就对先生说快振作起来,也不

要让先生与疾病努力抗争，因为这样只会给他带来更多的紧张和压力。"

长颈鹿太太惊讶地睁大眼睛，说："我昨天就对他说过这样的话——'快别讲废话了，去找工作！自己振作点！'"

河马先生说："对于焦虑的朋友，你对他说'振作'一词，在他听来无异于就是要治好自己。我知道你们都想要早点好起来，但是，越是想要快点治好，就越难好。你可以告诉他试着去接受一切，去练习有意识地无作为，并悠然地将那些无法解决的麻烦问题以及对身体不适感的恐惧抛诸脑后。要去接受它，泰然处之，而不是去抗争，这才是正确的方法。"

# 第七章 走出焦虑的思维模式

## 第一节

### "冥想"是让思绪宁静的法宝

如果把运动视为放松肌肉的运动,那么冥想就是放松精神的运动。每天从醒来到入睡,大脑都在不停地忙着思考,脑海里会飘过各种各样的想法、念头,而大多数的朋友是无法控制这些念头的。伴有焦虑情绪的朋友更会加快大脑思考的速度,让思绪飞转,脑海中不停涌现各种可怕的想法。练习冥想可以减少这些可怕的想法，舒缓焦虑的情绪，减轻压力，改善睡眠。

河马先生说："冥想就是一味药，无论对焦虑症还是焦虑情绪来说都特别有效，而且还不用花钱，每个人每天都可以反复做。"

声音为药，冥想为水，聆听内在，自在身心。

说完，河马先生又把他的录音机打开，带领着小动物们开始做冥想。


（冥想指导语）

盘腿坐起，微微闭上双眼，吸气，延伸我们的脊柱，头正身直松静自如。让我们以腹式呼吸来调整自己的呼吸。吸气，感觉清新的空气经由我们的胸腔缓缓下流，抚慰我们的腑脏，最后浸润于我们的心田。腹部微微向上隆起，呼气，感觉我们体内的污气、浊气缓缓溢出，内心感到无比的澄明与清澈。吸气，感觉我们置身于一片无垠的草原之上，溪水潺潺，

叮叮咚咚地奏着美妙的歌曲。

我们的左手为阳，右手为阴。太阳为阳，月亮为阴，我们就想象着把太阳放在我们的左手上，感觉太阳发出的能量自左手掌心一点点进入我们的体内，滋养我们身体的每一个细胞，让我们的气血顺畅。把月亮放在我们的右手上，感觉体内的病气、毒气、一切污浊之气，统统被月亮带走。配合呼吸，在这缓缓的一呼一吸中，静静地感受身体的每一个声音，在这阴阳平衡的调节中，让我们感受一下我们的心灵是不是已经变得越来越平和，越来越沉静，越来越善良，感受我们的身体和心灵已经达到了完整和完美的统一，感觉我们自身的磁场和地球这个强大的磁场达到完全的统一和融合，我们已经变得越来越健康，越来越年轻和美丽。

感觉我们的身体变得很轻，很轻，轻盈的身体缓缓向上升起……升到蓝天之上；一朵朵白云在你的脚下飘动，在你的腰间缠绕，你整个人仿佛也化作了一朵白云——一朵祥和纯净的白云。随着阵阵和谐的微风吹来，你的身体融合在这蓝天白云之中自由自在地飘动，阵阵微风为你倾情送来阵阵檀香味，抚摸着你的身体，它吹走了你全身的病气、浊气、疲劳之气。随着这阵阵微风，伴随着檀香的吹拂，你感觉到身体的病气、浊气、疲劳之气不停地向外飘

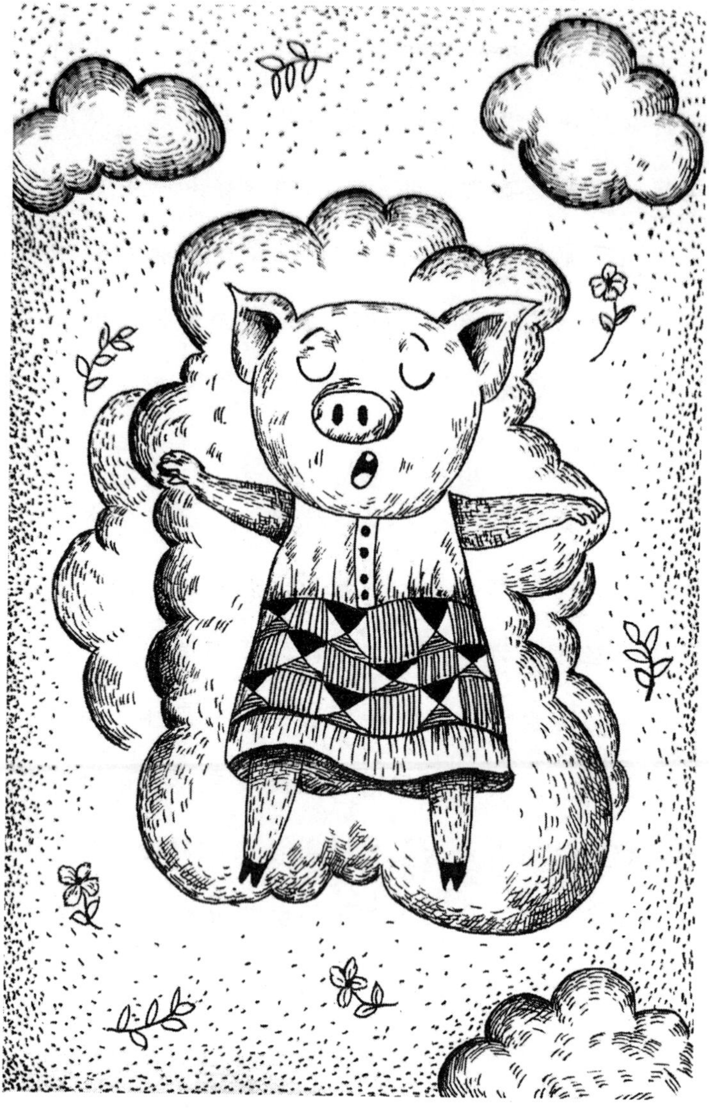

走，飘向那遥远的天边直到消失。

感觉我们的身体越来越轻盈，仿佛置身于浩渺的宇宙中，置身于地球这个强大的磁场中，让我们自身这个小宇宙源源不断地吸收宇宙赐予的能量。

我们听到一个声音从那遥远的天际传来，指引着我们走向生命回归的方向，让我们在无限喜悦中感悟，在永恒的光芒中，我们忘却了一切，同时又拥有了一切，在这一切中我们忘却了自我，只有喜悦与我们同在……

喜悦无处不在……

现在音乐已经停止了，请你带着这种放松的感觉慢慢回到现实生活中去，你会听到周围的一些声音，感受你身体坐的椅子，呼吸一下屋子里的新鲜空气，如果你愿意的话，可以慢慢活动你的双手，你的双脚，不要着急，当你感到舒服的时候，可以慢慢睁开眼睛。

小动物们慢慢地睁开眼睛："太棒啦！太舒服

了！""感觉很轻松，很开心！"大家纷纷发表自己的感受。

河马先生说："你们有这样的感受非常好，记得回去后要坚持做。告诉你们一个小秘密，你们可以自己录制一段这样的放松音频，语速慢一点，每天早晚都可以听。"

小动物们纷纷点头。

## 第二节
## 让"焦虑的思绪"待一会儿

河马先生说："对于焦虑的朋友来说，最麻烦的就是挥之不去的焦虑想法不断袭来。当焦虑来临的时候，我们应该有意识地无所作为，不试图去抗争什么。"

刺猬先生问："什么叫有意识地无所作为呢？"

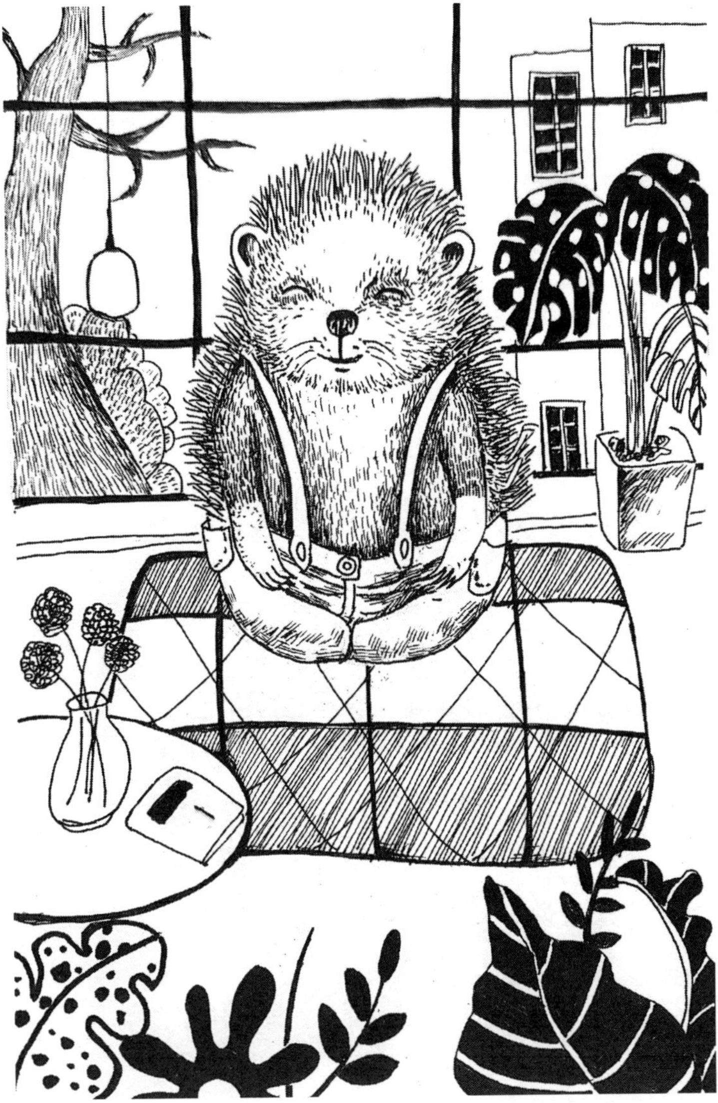

河马先生解释道:"有意识的无所作为,就是顺其自然,也可以称之为'臣服'。我知道,这对于焦虑的朋友来说比较难,因为焦虑情绪本身就是控制欲过强,本能地会抗拒。我们也可以尝试用冥想的方式,从第三者的角度去静静地观察它。"

"我们也可以通过冥想让自己静下来!一起来试试吧!"河马先生说。

(冥想引导词)

双腿放松,下巴微收,闭上眼睛,让心跟随着呼吸,自然而然地安静下来。在这里,安静地和自己的身体待一会,没有任何目的,只是静静地在这里。

去觉察和自己的身体待在一起的感受,是茫然失措的,还是安静享受的;是思绪纷乱的,还是安静稳定的。

不管此时,处于什么样的状态,都不做反应,只是看到这个状态。

关注自己的身体还有呼吸，关注自己的念头，觉知呼吸和感受的变化。

是越来越坐不住了，还是越来越沉静了；呼吸，是越来越稳定了还是越来越急促了。

只是静静地观察它的变化，不做评论，不参与其中。

"怎么样？是不是感觉静下来许多？"河马先生慢慢睁开眼睛，问大家。

"是的是的,这个方法还真不错呢,不论怎么胡思乱想,我都不动!"小刺猬笑了笑说。

"还有一个树叶漂流法,对焦虑思绪也很有帮助。把焦虑想象成溪水中漂浮的树叶,随着溪水一片一片漂走。"河马先生说。

"具体怎么做呢?"小刺猬一边问着,一边端坐冥想准备。

河马先生说:"想象自己坐在静静流淌的溪水边,树叶落在溪水里从你身边漂过。

"接下来的几分钟,抓住脑海中冒出的每一个想法,把一个想法放在一片树叶上,让它随着树叶漂走。

"不管是喜欢的想法还是不喜欢的想法,都放在树叶上随之漂流远去。如果有一片树叶卡住漂不动了,随它去,不要强迫它漂走。

"如果开始感到厌倦或不耐烦,承认这个感受,比如'这是厌倦的感觉'或'这是不耐烦的感觉',然后把这个想法放在树叶上,让它随着树叶漂走。"

## 第三节

## 用"现实的陈述句"替换"恐惧的自我对话"

刺猬先生说:"我常常陷于恐惧的自我对话,不假思索地反复对自己说一些'如果……怎么办'这样的话,总是担心可怕的事情,变得更加焦虑。我总会想如果我惊恐发作怎么办?如果我应付不了怎么办?如果别人看到我焦虑不安,他们会怎么想?这些想法让我感觉到很困扰。"

河马先生对刺猬先生说:"要知道,我们对自己说的话,很大程度上会决定我们的情绪和感受,这个过程会非常快速甚至自己都没察觉。"河马先生停了一下,接着说,"首先,我要祝贺你意识到了这个问题,当我们能够察觉自己陷入消极思维模式,并想去阻止它,就成功了一大半了。接下来,我们就可以运用一些方法,通过刻意的练习,学习如何控制这种消极的思想。"

刺猬先生高兴地说:"是吗?我这就成功一半了。"

河马先生点点头,说:"——,在手上绑根橡皮筋,当觉察到自己正处于这样的消极思想时,就弹一下,提醒自己暂停这样的想法。"

刺猬先生说:"好的,这个可以!"

河马先生接着说:"大象医生还告诉我了一个方法,用积极的、自我鼓励的表达方式取代消极的想法。用自

我对话的方式，打破思维怪圈。这个需要用到纸和笔。"

刺猬先生立马找来了纸和笔，请河马先生教教他。

"首先问问自己，我对自己说的哪些话感到焦虑了？想出常对自己说'如果……怎么办'之类的话，就把这些话写在纸上。"河马先生说。

刺猬先生在纸上写道"我害怕坐飞机，如果飞机坠毁了怎么办？"

"好，第二步，把这句疑问句式，改成陈述句式。比如把'如果飞机坠毁了怎么办？'换成'这架飞机要坠毁'这样陈述的表达方式。"河马先生说。刺猬先生在纸上的第二排，写了下来。

河马先生说："这样很容易就看清楚了想法的不合理之处，对不对？接下来我们做第三步：问问自己，这件事情发生的实际概率有多大？我认为这个情况是绝对无法处理或必死无疑的吗？

"第四步：借助这些问题，得出更符合实际的想法。把这些符合实际的想法写下来。

"第五步：想一想如果最害怕的情况发生了，你有什么解决办法。问问自己：'如果最糟糕的情况发生我能做些什么？'多数情况下，这种做法可以让你认识到你低估了自己应对困难的能力。把你的解决办法写下来。"

刺猬先生一边听，一边用笔记录下来。

"最后，反复不断阅读这些列出来的符合现实的想法和解决办法，这样做可以让你加深这些看法。可以把这些内容重新写在一张卡片上，方便随身携带，随时拿出来看！"河马先生说。

## 第四节
## 用"疑问句"转换思维模式

河马先生问："你们是否遇到过类似的情况：同样的情景，但感受却截然不同。比如在交通高峰期，有两只熊坐在走走停停的汽车里。一只熊觉得自己陷入困境，于是对自己说：'我受不了了！''我得离开这儿！''我为什么要走这么远的路上下班呢？'此时，这只熊感受到的就是焦虑、愤怒和沮丧。"

小动物们说："是的，我们经常都是这样的。"

"嗯，其实还有另外一种可能。另一只熊的想法不一样，他想这正是一个机会，可以舒舒服服地坐一会儿，看看风景，放松一下，听听音乐。这只熊感受到的，就

是平静和接纳。"河马先生说。

"为什么同样的情景，感受会不同呢？究其原因，决定我们感受的并不是我们经历了什么，而是我们对所经历之事的理解和看法。"河马先生清了清嗓门，接着说，"最典型的例子，就是即将面临考试的学生。许多孩子因为不堪学习的压力觉得非常痛苦，你们觉得最终导致孩子崩溃的是学习压力大吗？其实不是的。导致学生崩溃的真正原因，其实并不是学习本身任务的多寡，而是他如何看待这个事情。"

美国心理学家埃利斯所创立的"人类情绪 abc 模型"认为，人类的情绪不是由某一诱发性事件本身所引起的，而是由经历了这一事件的人对该事件的解释和评价引起的。

刺猬先生问："我们怎么才能从负面的想法转念成正面的想法呢？"

河马先生说："有一个很简单的公式，就是将负面的词语换成正面的词语，将陈述句换成疑问句。我们的大脑具有神奇的功能，只要提出问题，大脑总会想到答案。所以，尽管提出问题！要不我们来试试，你们说一句负面的话，我转换成疑问句！"

"好，我先来！"斑马小姐说，"为什么倒霉的总是我！"河马先生笑了笑回答："我要怎样做才能变得幸运呢？"

"我的孩子总是让我很揪心！"兔子太太说。河马先生补充道："我要怎样做才能让孩子变得积极自律呢？"

刺猬先生说："我也会了，我总觉得别人不理解我，我就应该换成'应该怎么做，才能得到别人的理解呢？'"

河马先生笑了笑说："很棒！这么快就学会了！你们可以将自己的负面想法写下来，并转换成疑问句，将这些疑问句抄到一个小本子上，睡前读一读，多练习，就可以减少以往负面的念头。"

## 第五节

## 帮助你走出焦虑的笔记本

刺猬先生说:"当我出现焦虑时,总会有很多的担心:'如果……怎么办',这也是我常用的对话模式。有什么办法可以不去想那些焦虑的问题,而是把注意力转向更自信、更轻松的想法吗?"

河马先生说:"最好的方法就是给自己一些更具鼓励性和现实性、让人更加平静的话语暗示,每天多读几遍,多看几遍,经过长期反复的练习,大脑就会开始接受这些想法,并内化为思维体系的一部分,面对焦虑或担忧时这些陈述就会自动出现在脑海中。"

河马先生从书柜里抽出一个笔记本,递给刺猬先生,说:"这就是我写下来的陈述语句,希望能够给你提供参考。"

刺猬先生翻开笔记本,只见里面写道:

## 5月6日

今天我愿意稍稍离开我的安全区,这是我

学习适应这个情景的好机会。

面对恐惧是克服我对此事焦虑的最好方法。

每次我选择面对,我就向克服恐惧又前进了一步。

我要表扬自己愿意勇敢面对恐惧。

## 5月7日

放轻松,慢慢来,不会有什么严重的事情发生的。

我不用做到尽善尽美,人非圣贤。

## 5月11日

我只是目前无法离开,这不等于我被困住无法脱身。

我现在放松一下,一会儿就会好起来。

我可以应付这些症状和感觉。

这只是肾上腺素的作用,几分钟就会消失。很快就会过去。

**5 月 30 日**

这些只是焦虑而已,我不会让它牵着走。虽然感觉不好受,但焦虑不会伤害我。

我不会让这些感觉和感受阻止我,我还能坚持下去。

这些只是焦虑的想法,仅此而已,没什么大不了。

刺猬先生也学习河马先生的方法,把喜欢的句子写在本子上,放在手提包里。每次感觉焦虑症状出现时,他就拿出卡片读一读。他相信只要经过无数次的练习,应对陈述最终能完全内化成为个人认知的一部分,代替不断感到焦虑的、恐惧的、灾难化的自我对话。努力练习应对陈述,是非常值得做的事。

## 第六节
### 潜意识悄悄指引着你的人生

你的潜意识指引着你的人生,而你称其为命运。

——荣格

河马先生说:"在心理学中,潜意识对命运起着决定性的作用。一个人潜意识里是怎样自我认知的，也在极大程度上影响了自己的行为和对待事情的判断。比如：我是幸运的还是可怜倒霉的？我是积极努力的还是不思进取的？我是容易冲动的还是冷静沉着的？潜意识创造着内心的世界，同时也创造了外在的世界。"

河马先生给大家画了一个图，接着说："大家知道冰山吗？冰山有一部分是藏在水面下，不容易被人看到的。这一部分，我们就把它想象成'潜意识'。水面之下的冰山，在生活中往往被人们忽略和遗忘，但事实上，却影响着一个人的性格、行为，甚至一生的命运。"

河马先生今天给大家分享了一个新的名词：潜意识。期望大家都能够理解潜意识对每一位朋友的重要性。

"潜意识从童年时代，就形成自我的思维模式。比如我，小时候家境不好，父母给不了我优越的物质条件，所以我努力学习，知道唯有努力才能过上自己想要的生活。"河马先生说，"结果，在潜意识里面就种下逼迫自己的模式，遇到问题，首先想到的就是自己再努力一

下，结果努力地把自己给逼成焦虑症了。"我们对自己的认知，或者给自己设定的人格，会让我们在面对问题时按照固有的思维模式进行思考。

兔子太太问："那么怎样才能摆脱这样的思维模式呢？"

河马先生说："我们可以尝试修改我们的潜意识。

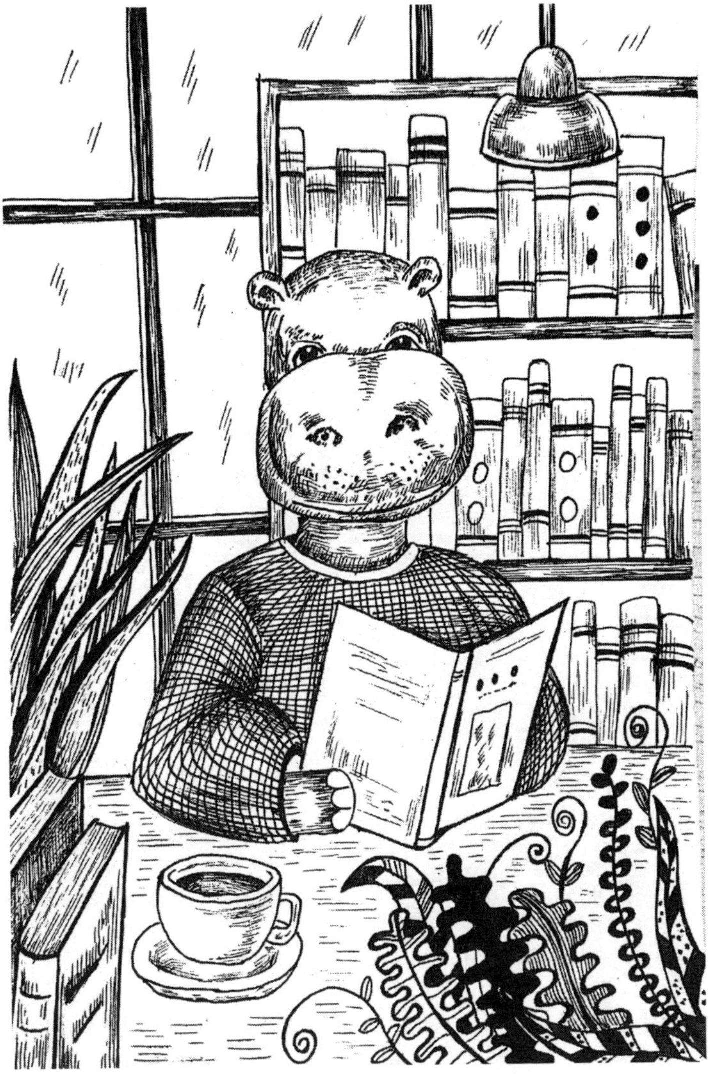

将我们希望自己拥有的品质或思维方式，采用正面肯定的语言写下来，并反复诵读。"

河马先生拿出自己的笔记本给大家看：

我已经越来越能放下焦虑了。

我不是完美的，世界上也没有谁是完美的，我喜欢自己的优点和缺点。

我越来越会控制自己的思想，选择自己的想法，我会选择平静，而不是恐惧和忧虑。

我对自己更有信心了，我感到平静、自信、安心。

河马先生说："像这样不断重复肯定的话语，可以帮助我们改变那些引起焦虑情绪的基本态度和观念，渐渐地，我们面对焦虑症状就不是恐惧，而是泰然处之。当然，只读一两遍不会有什么效果，需要每天练习，坚持几周或几个月后，就可以改变你对恐惧的基本看法，让你用积极有益的态度看待恐惧。"

# 第八章 感谢焦虑让我完美蜕变

## 第一节

### 更容易患"神经症"的疑病素质

经过医学家的研究发现,患"神经症"的朋友们有一些共同的特质,医学家把这称为"疑病素质"。拥有"疑病素质"的朋友患"神经症"的概率会比其他类型性格的朋友要高出许多。

小动物们问:"疑病素质?究竟是什么样的特

质呢？"

河马先生说："疑病素质的第一个特点就是'精神活动偏内向'，也可以说'内向型人格'。偏内向的朋友更习惯反省自己，把自己当成关注的焦点，对自己身体和内心的不舒服更加在意。他们会比较关注自己的表现和在别人心中的印象，他们给人的感觉是比较内敛和保守，更喜欢独处，不太合群，做事瞻前顾后，很谨慎，容易被自我内心所束缚，自卑压抑。而偏外向型的朋友，注意力更多放在外界和外界的变化上，所以有时候容易冲动，忘乎所以，迷失自己，没有分寸，做一些比较轻率的决定。内向的人都习惯先思考后行动，外向的人先行动后思考。内向的人更注重细节，外向的人不拘小节。"

小松鼠说："为什么我两种特质都有呢？"

河马先生点点头，说："这两种性格只是一种倾向，我们的性格划分也没有那么简单，不能一分为二地看。实际上我们每一个人都是内外互相协调的，所以它只是一种倾向或者是一种气质。"

河马先生接着说："接下来，我们再说第二个特点——更敏感过分担心。这类的朋友就是把一些正常的反应当成不正常来看。他们担心自己得病，害怕疾病。其实这是人的本性，每个人都会有的，也是生存欲望的体现，但是当它表现得太过强烈的时候就会出现一些神经症症状。"

小刺猬说："是啊，我看到新闻说某某某癌症去世，然后我就会很担心，担心自己会不会也得病！"

河马先生说："其实这种担心是很普遍的，一般人听到了他也会琢磨琢磨，但是，待会干点儿别的事，一下就会忘记了，这样的想法也就慢慢淡化了。但是如果自己比一般人更敏感，再加上刚才说的内向，也更爱担心，注意力也总是集中在自己身体的不舒服上，那可能就会把这个担心一直延续下去，始终挂念着这件事情。尤其是在长期的焦虑恐惧之后，或者是再加上身心疲劳，身体也会有一些不舒服，那这个时候自己再把注意力持续集中在关注这些不舒服的地方，就会越关注越敏感，越敏感，生病的感觉就越强烈，越强烈就越害怕。"

驯鹿先生说:"难怪,我们总觉得自己生活在恐惧之中。"

河马先生说:"是的,这是我们说的'更敏感和过分担心'的特质。接下来我们再说第三个特点——'完美主义'的特质。完美主义的朋友对自己、对别人和对生活的要求都比较高,期望值也比普通人要高。因为这个期望值比较高,所以,经常达不到自己预想的那个目标,就会很失望或者很自责。比如对自己要求高,觉得

自己应该是个优秀的人，是个上进的人，那就不能允许自己偷懒，也接受不了犯错。"

驯鹿先生说："我就是对自己要求很高，生病前就从来没有想过要给自己放假，除了工作还是工作。后来生病在家，心里充满了内疚，感觉自己成为家人的拖累，常常自责。"

河马先生说:"是的,我们对自己的过高要求,肯定是不切实际的,因为人都会犯错,都会失败,偶尔懒惰也很正常。对别人也一样,希望别人按照自己的期望去做,但是改变别人真的很难,再加上比较执着,就容易不断地陷在烦恼之中。我们也不能说完美主义就不好,完美主义的确是有好处的,对自己要求高更执着,事情才会做得更好,让自己更勤奋更上进。但是完美主义者,还有另一个特点就是过分在意自己与他人的缺陷

或错误，老是专门盯着这些负面的缺陷或是不够好的地方。正因为总是盯着这些问题，就容易忽略很多好的地方，所以也就容易看不到整体的情况，把这些小问题放大成了大灾难，所以完美主义者实际上是很自卑的，没什么幸福感。因为理想和现实总是有矛盾和冲突的，而面对矛盾和冲突，完美主义者会很自责地批判自己，给自己很大压力，提更高的要求，甚至是逼着自己拼命把每件事情都做好，就是要努力，就是要拼搏，努力让现实的自己成为理想的自己。这种苦干蛮干就很容易透支身体，最后自己承受了过大的压力和过高的要求，搞得自己很累，实际上就把自己给榨干了，自己的身体和内心已经承受不了啦！而长期积累的压力不仅导致我们的身心疲劳，身体不舒服，还可能导致我们神经内分泌调节系统的失调，出现像是惊恐、广泛性焦虑、抑郁、情绪烦躁等症状。"

小动物们纷纷低下了头，感觉好像河马先生说的就是他们自己。

河马先生打破寂静，继续说："大家也别忙着自省，还有第四种和第五种特质。我们先来说第四种：讨好型人格。每个人都希望被别人赞美，都喜欢被夸奖，都不喜欢被批评指责，但第四类朋友甚至会牺牲自己的真情实感去取悦别人，去迁就顺从别人，压抑自己的真实需求和感受，不敢说不。他们可能会想，如果我真实地表达自己的想法和情绪，别人肯定是不会接受的，他们就会不欢迎我，所以我要尽力去表现出一副大家都喜欢的样子。他们害怕别人的批评讨厌，过分需要别人的认可，长期下去的结果就是内心的憋屈和压抑，甚至是愤恨。因为无论自己再怎么努力地表现，总是也会有人不认可。自己越是纠结，内心就越是有更多的矛盾和冲突。"

驯鹿先生说："那第五种是什么，河马先生，你快给我们说说！"

河马先生继续说起来："第五种是过度的控制欲。过度的控制欲也是我们焦虑的一大来源，想要控制生活中的一切，希望生活完全按照自己的设想发展，希望自己不要出现一些不好的想法，希望人与人之间不

要有矛盾冲突，希望自己永远健康，希望自己的每一步都是按照自己期望的走。但是事实上这是行不通的，我们能控制的事情其实很少，因为生活它总是不确定

的。所以每一次遇到事实与预期不符的时候，自己就会很沮丧，就会很紧张，就害怕自己会失去很多，总是时时刻刻去提防各种各样的危险，总是在防卫着各种不好的事情发生。"

兔子太太说："我就是这样的，尤其是在对孩子的问题上。"

性格来自于童年和成长经历，也有遗传的成分。有的人可能是从小父母就是这种高标准严要求，耳濡目染接受了父母的价值观，也可能是小时候老是被批评指责，一直顺从着别人，认为自己什么都做不好，也可能是想着避免批评和指责，就想办法让自己做得很完美，想办法得到别人的认可，时间长了也学会自己批评自己，自己否定自己。

原生家庭父母的教养方式对性格的形成影响很大，但也不能一味地把责任推到父母身上，责怪父母。一个时代，会让一代人有共同的烙印，这是社会因素，父母也受自身认知缺陷的影响，所以，我们需要不断地学习成长，修正自己的性格特质，收获自己的幸福，这就是成长的本质。

## 第二节
### 神经质者其实都是优秀的

驯鹿先生说："自从我患上焦虑症后，总感觉自己的生活很失败。我生病是因为自己有问题有缺陷！因为自己不够好！自己太脆弱想太多！哎，我是多么的失败啊！"

河马先生说："不，驯鹿先生！事情并非你想象的那样糟糕，事实上恰恰相反，所有焦虑症患者向上的愿望都是非常强烈的。不论是完美主义还是讨好型人格，其实都是在追求优秀，都是在追求自己认为的成功。一个人如果很怕死，这能说明他胆小吗？当然不是，也是从反面说明了他很想好好地活着,他不想死。他担心失败,害怕被别人批评,这也正是因为他渴望成功,渴望得到别人的认可,渴望成为一个优秀的人,一个受人尊敬的人,这当然没有错了。"

驯鹿先生抬起头,望着河马先生,被他的话给震惊了。

河马先生继续说:"生的欲望和死的恐惧是每个人都有的,生的欲望就是向上发展,想让自己变得更好、

更健康、更优秀；而死的恐惧就是害怕自己失败，害怕被人看不起，害怕失去生命。它们看起来好像是对立的，但其实是统一的。生的欲望很强烈，死的恐惧一样会很强烈。"

驯鹿先生似乎很有共鸣，忍不住说："是啊，我发现我越想要表现好，就会越紧张担心。如果破罐子破摔，啥也不在乎，甚至特别颓废，什么都无所谓，反而不会有紧张焦虑的感觉。奇怪的是，到底问题出在哪儿？"

河马先生笑了笑，说："我先给大家讲一个故事：有一个叫夸父的人为了族人过上幸福的生活，想要抓住太阳并让它听从人的指挥，于是他就追着太阳跑。他有强壮的身体，他相信自己只要努力是一定能够做到的，于是他努力奔跑，最终又累又渴，因为没有水喝死掉了。这个故事告诉我们，只要努力就一定能成功吗？"

驯鹿先生摇摇头，说："不，但凡有点理性，就会发现追逐太阳是一件很荒谬的事情。"

河马先生认同地点点头，说："其实不难发现，很多时候，我们也在努力追赶着我们心中的太阳。从小老师父母就教育我们好好学习,一分耕耘一分收获。为了考上好大学,找个好工作,放弃玩耍的时间,恨不得每天都是头悬梁锥刺股,因为我们都知道吃得苦中苦方为人上人。

"等真正到了社会上,我们惊讶地发现这个社会发展的速度极快,知识日新月异,于是又努力地考研,考

职称，学习更新的技能。我们也会牺牲掉休息的时间，和家人团聚的时间，加班加点地工作，期望这样的努力可以让自己过上想要的生活。

"可是越学习，越努力，就会越迷茫。不敢懈怠，甚至玩的时候会有负罪感，不敢懒，觉得懒就是对不起父母。每天神经都绷得紧紧的，每天都绞尽脑汁想着怎么进步怎么成功，巴不得把自己弄成机器人。然后给自己制订很严格的时间管理计划，每天都给自己打鸡血，搞得自己很亢奋。

"最后我们会变成什么样子呢？变成一个工作狂，除了工作学习就没有任何的爱好，不懂得怎么享受生活，对身边的人也漠不关心，一停下来就很难受。"

驯鹿先生问："我们追求优秀有错吗？"

河马先生说："我们认为的优秀就是比别人强。全校第一还不行，还得全市第一；全市第一也不行，还要全国第一。与其说是跟别人比，不如说是跟自己内心的那种理想状态比。理想的自己是什么样？事业有成，家庭幸福，财务自由，所有人都佩服自己。那现在呢？还不行，还差得远，无穷无尽。需要学的知识无穷无尽，需要赚的钱无穷无尽，竞争的对手，比你厉害的人也无穷无尽。"

驯鹿先生长叹了一口气，说："哎，我就是这样啊。从大学毕业后，6年来一直在一线城市打拼，快节奏的生活和超强度的工作压力，逼得我必须努力做好每一件事。看着同学们一个个都买房结婚了，可我仍然没有钱在这座城市里买套房，仍然无法在这城市里立足，无法过上自己想要的生活。

"从小学习优秀的光环就笼罩着我，我就觉得我应该比别人优秀，背后也付出比别人更多的努力。我做销售工作，常常从一个城市辗转到另一个城市，半夜搭乘飞机，凌晨到，白天忙碌工作，晚上又搭乘飞机赶往另一个城市。有时候连续飞上一个月，大家都叫我'飞行小王子'。不用出差的时候，我的焦虑症就会困扰着我，睡不着觉，我甚至还会自己喝一瓶酒，直到凌晨两三点才睡下。就是长期这样的生活，这样没有规律的睡眠和饮食习惯，透支了我的身体，焦虑紧张也不期而至。"

许多患焦虑症的朋友,从积极的角度来说他们挺正能量的,又上进又勤奋,还能吃苦,很多人也做出了一些成绩,但他们总感觉自己还是不够成功。他们有追求不尽的理想,对自己的期待太高,一旦现实结果跟自己的理想不符,就完全无法接受。面对压力的时候,他们养成了一种不好的习惯,就是拼命地去逼迫自己。然后

用鞭子抽自己，小陀螺似的不能停。

驯鹿先生说："我也想停下来可是也没法停呀！不干能行吗？光讲道理能当饭吃吗？我们要生存，我们的前途，我们的生活都是被工作学业事业所捆绑，无论你多么厌恶，无论多么想逃离，最终还是要谋生的。我也想放下，但是放不下，我也想躺平，但是也躺不平啊！"

这番话说出来了大家的心声，旁边的小动物们都低下头，仿佛在思考自己的生活。如果真要放弃，会面临很多的迷茫，生活在这个社会环境当中，就要面对各种复杂的关系，面对竞争压力，就要思考如何谋生的问题，复杂程度越来越高，所以迷茫也越来越高。

河马先生说："我们都是一样的，都面临着外界环境和内在渴望矛盾的问题，这也让我纠结了许久。现在我想，我们是否能够头脑冷静一点，设定目标的时候稍微合理些，找一个合理的参照物，就跟自己水平差不多的群体，对自己别太狠了，一定要知道自己的极限。还有，我们要学会适度，该躺一会儿就躺着，老躺着当然不行也很难受，就可以站起来，动起来。虽然咱们没法改变，但至少可以看清楚，选择比较清醒地活着，而不至于被生活裹挟，也不至于无所适从。"

## 第三节
### 刷朋友圈会让你变得更焦虑

让我们感到焦虑的，还有一个身份焦虑。所谓身份焦虑就是害怕自己比别人差，害怕不如别人，害怕自己被时代抛弃，被社会抛弃。这是目前社会上的"流行病"。

"为什么会形成'流行病'呢？"大熊先生问。

河马先生回答说："现代社会的分工不同，收入就会有差距，人有时会忍不住拿自己和别人比较，产生挫败感。而朋友圈是个很特殊的时代产物，我们很容易看到别人的生活，但看到的也并非别人真实的全部生活。"

这还要从以前的时代说起，回看我们的父辈，那时

候大家的生活水平都很一般，家用电器也仅是手电筒收音机，能有个黑白电视就很不错了，大家的收入差别也并不是很大。再往前，爷爷那辈，能够吃饱肚子就值得庆幸了。那时候信息也闭塞，认识的人，都是自己村或者是邻村的人，没有比较就没有伤害。

进入现在的现代化社会，每个人的社会分工都不一样，分得非常细，你是公务员、老师，他是企业家，那个人是工程师，挣钱有多有少，虽然大家都生活在同一个城市，但生活的状态很不一样。更多的时候，我们刷手机看到别人的生活都是十分幸福的，这让我们觉得又羡慕又嫉妒：看人家在朋友圈发旅游啊，美食呀，看到人家多自由，不用天天上班。再看看人家当公务员、教师的，总觉得人家收入真稳定。再看那些创业做企业的，觉得人家都是富豪，人家都喝着八二年的拉菲，享受着纸醉金迷的生活。再看看自己，难免会拿别人来跟自己做比较。

我们现在都有刷朋友圈的习惯，早上起来就翻翻微信，看看朋友圈都发生了什么新鲜事，但往往越看越焦虑。

你看人家谁谁买房了，买车了，升职加薪，家庭幸福。再看看自己，简直没法看，皮肤越来越差，年龄越来越大，事业也没有什么大的发展。感觉其他人都活得那么潇洒惬意。人和人的差别怎么这么大呢？

这个问题当然不在朋友圈，问题就在于我们在跟别人的互相攀比中，很容易就迷失自我，陷入身份焦虑。

"那我们该怎么化解呢？"大熊先生问。

河马先生说:"别拿自己跟别人比较,比不了也没法比。咱们过好自己的生活,多关心自己,少关心别人。对自己的生活多点关心,关注自己一天 24 小时应该怎么过,多去做点实际的事,我们的关注点不该是比别人强,比别人优秀,而是在自己现有的条件之下能够尽力书写好自己的人生,完成自己确定的目标,这就够了。

"光看人家企业家挣钱了,人家这风险也大,有数据显示很多企业都活不过三年,可以说是九死一生。看起来好像很多人都成功了,背后的辛酸又有谁能看到。台面上的都是成功故事,失败的故事鲜为人知。"

其实每个人都有个人的压力,谁也别羡慕谁,别光看贼吃肉,没见贼挨打。朋友圈不都是发好的一面吗?你看到的大部分都是别人希望你看到的,没有人会把烦恼挂在嘴边上,都是自己关起门来默默地消化。

## 第四节

## 别人只看得见你飞得高不高,并不在意你活得累不累

河马先生说:"从媒体上我们最容易看到成功的故事,而成功的故事都是励志的正能量的故事,正能

量的模范塑造，我们会觉得，活成那个样子才是理想的样子。"

对精英的无限崇拜让我们塑造的价值观，认为就应该勤奋向上。我们必须积极阳光，一旦有负能量，一旦懒惰，一旦消极就不对，于是开始批判自己堕落颓废。但凡出现点消极思想，都会感觉自己不正常，感觉自己充满了负能量，必须注入正能量。

我们都想成为精英，但都不想成为自己，对自己总是有很多的要求。我们对自己总是不满意，甚至没事就挑自己的毛病，这样能感受到幸福吗？

河马先生说："别人只看得见你飞得高不高，并不在意你累不累！"

我们每个人都渴望被尊重，都渴望得到别人的关注和认可，我们对自己的价值判断，很大程度上会来自于别人的评价。但是现实情况是什么样的呢？大家都在忙着自己的事情，很难有耐心看到我们的内心世界，能被识别的只有表面所呈现出来的结果，比如外貌、财富、学历、工作成果等等。而正在努力还没有成果，或者成果很不起眼的人，这时候是不容易被看见的。交心的朋友似乎越来越少，得不到外界的认可和尊重，内心就难免失落。

小动物们听河马先生这样一说，纷纷低下了头，内心有种被针扎的刺痛感觉，似乎回想起自己生活中的一幅幅画面。

又是刺猬先生率先打破沉寂："外界的环境，别人的看法我们改变不了，我们现在到底该怎样做呢？"

河马先生说:"我们不要总想着把自己变成一个理想的样子,也许我们最大的改变不是变成了谁谁谁,而是接受了真实的自己,可以心甘情愿地去享受自己的人生。"

该工作工作,该挣钱挣钱,但对自己要有一个合理的期望,别对自己要求太高。人总有懒惰的时候,勤奋的时候找到一个平衡点,娱乐休闲两不误。情绪肯定是起起伏伏的,我们也不能要求自己总是积极的正能量，偶尔负能量也是合情合理的，可以休息一下，再继续前进。

当你遇到别人的白眼、鄙视时，没必要生气，因为这只是别人的看法而已。他人读不懂你，对你产生负面评价，不能就据此来断定成王败寇孰对孰错。就如同演戏一样，别人的剧本不一定适合自己，强行陪演只能是绿叶陪衬跑龙套。因此只要自己当下所做的事情是"己之欢喜处""利人利己处""未来可期处"就可持续精进地去做。

有人看不起你，但你不能当真，我们得看得起我们自己。就算别人不信，但你得相信你自己，我们对自己永远要有信念。"谁说站在光里的，才算英雄？"事实上，世界永远是二八定律，你只需做好你自己，条条大路通罗马，各有各的阳关道与独木桥，任何成功的路径都是难以复制粘贴的。

## 第五节

**身体比我们更了解自己**

这一两年来，河马先生不断学习如何与焦虑症相

处，现在已经过上了正常的生活。虽然有时候他还是会感到焦虑，但是已经和焦虑成为了朋友。当焦虑来到身边的时候，河马先生学会了体会它，走近它。

回想这段时间，河马先生说："我要感谢我的焦虑症，因为焦虑症，让我反观我的生活，调整我的生活方式。"身体上的不舒服只是在提醒我们，自己一定是忽略了什么，提醒我们反观自己。

河马先生说："尽管这些病症让人相当苦恼，但是，它实际上是预警信号，我们的身体拥有阻止其自损的内部机制。初期的惊恐症和焦虑症状可以被视为你的身体迫使你，在把自己逼向严重疾病和死亡之前，放慢速度，调整生活方式。"

我们自己并没有意识到自己在过度消耗自己，自己在攻击自己，但身体提前看到了你可能会把自己搞垮，然后，迫使你去放慢脚步去重新调整自己。身体比我们更了解自己。

我们的性格并没有什么严重的缺陷，只不过我们有时不太懂得如何运用自己的性格和向上的欲望，可能就用偏了，就滑向了恐惧的一边，整个人都在消极防卫，都在围绕着恐惧打转。所有焦虑恐惧的来源，导致自己焦虑的根本就在于思想的矛盾，内心的冲突，内心的偏差。

我们并不了解自己，也不了解如何才能让自己变得更好，如何去发掘自己性格中的潜能，也不知道用什么样的方式去追求成功，甚至也不知道什么是成功，什么是完美，也不知道如何才能真正得到别人的认可。当然我们也不用自责，因为学校也没教过我们，走入社会也是在忙着挣钱谋生。我们从小到大都没有好好学过怎么减压，怎么去处理负面情绪和乱七八糟的想法，这些都不知道。所以，在这种无意识的情况下我们走到了今天。生活的"再教育"，就是让我们去纠正自己的生活态度，或者换一种方式去思考问题。现在再看看自己的处境，它有什么意义吗？那些引发我们焦虑的外在压力，究竟想告诉我们些什么？想让我们学会什么？

感谢焦虑症，它让我爱上自己！

感谢焦虑症，它让我懂得了珍惜身边人，看懂身边事！

感恩焦虑症让我完成蜕变！

## 结束语

### 当我真正开始爱自己

最后，将卓别林的诗《当我真正开始爱自己》送给所有人。

当我真正开始爱自己

我才认识到

曾经犯下的错原来也有美

如肥沃的泥土为植物提供丰富的营养

全然接纳自己的黑暗面

正如全然接纳自己的光明面

于是从今天开始

我无条件地接纳自己的每一面

今天我终于明白了

这叫"诚实"


当我真正开始爱自己

我才发现

放下对结果的执着

无需苛求自己一定要成为谁

今天我只做有趣和快乐的事

细细品味每一餐饭

欣赏花园角落里的小草

用我自己的方式,以我的韵律

安住于当下

今天我终于明白了

这叫"看见"


当我真正开始爱自己

我才懂得

把自己的愿望强加于别人

是多么的无理

我开始学习不再苛求别人

不带任何评判地对待任何人

包括我自己

今天我明白了

这叫"尊重"


当我真正开始爱自己

我开始学习拥抱变化

在改变中,我创造生命的丰盛

用暴风雨的洗礼带来彻底的改变

我因改变而激活内在的力量

内在拥有无穷的力量

这股力量给我意想不到的创造力

今天我明白了

这叫"醒悟"


当我真正开始爱自己

我才理解

原来"爱"这颗种子一直在我心间

从未曾远离

我愿意将爱留给自己,让它开花结果

也愿意赋予身边的每一个人

今天我明白了

这叫"丰盛"


我们无须再害怕

自己和他人的分歧

矛盾和问题

因为即使星星有时也会碰在一起

形成新的世界

我愿意对生命中的每一件事说：我愿意

今天我明白，这就是"生命"